과학공화국 물리법정

물리법정

6
운동의 법칙

과학공화국 물리법정 6
운동의 법칙

ⓒ 정완상, 2007

초판 1쇄 발행일 | 2007년 7월 31일
초판 20쇄 발행일 | 2023년 10월 13일

지은이 | 정완상
펴낸이 | 정은영
펴낸곳 | (주)자음과모음

출판등록 | 2001년 11월 28일 제2001-000259호
주소 | 10881 경기도 파주시 회동길 325-20
전화 | 편집부 (02)324-2347, 경영지원부 (02)325-6047
팩스 | 편집부 (02)324-2348, 경영지원부 (02)2648-1311
e-mail | jamoteen@jamobook.com

ISBN 978-89-544-1460-9 (04420)

과학공화국
물리법정

정완상(국립 경상대학교 교수) 지음

6 운동의 법칙

㈜자음과모음

생활 속에서 배우는 기상천외한 과학 수업

처음 법정 원고를 들고 출판사를 찾았던 때가 새삼스럽게 생각납니다. 당초 이렇게까지 장편의 시리즈로 될 거라고는 상상도 못하고 단 한 권만이라도 생활 속의 과학 이야기를 재미있게 담은 책을 낼 수 있었으면 하는 마음이었습니다. 그런 소박한 마음에서 출발한 '과학공화국 법정 시리즈' 는 과목별 총 10편까지 50권이라는 방대한 분량으로 출간하게 되었습니다.

과학공화국! 물론 제가 만든 단어이긴 하지만 과학을 전공하고 과학을 사랑하는 한 사람으로서 너무나 멋진 이름입니다. 그리고 저는 이 공화국에서 벌어지는 황당한 많은 사건들을 과학의 여러 분야와 연결시키려는 노력을 하였습니다.

매번 에피소드를 만들어 내려다 보니 머리에 쥐가 날 때도 한두 번이 아니었고 워낙 출판 일정이 빡빡하게 진행되는 관계로 이 시리즈를 집필하면서 솔직히 너무 힘들어, 적당한 권수에서 원고를 마칠까 하는 마음도 굴뚝같았습니다. 하지만 출판사에서는 이왕 시작한 시리즈이므로 각 과목마다 10편까지 총 50권으로 완성을 하자고 했고 저는 그 제안을 수락하게 되었습니다.

하지만 보람은 있었습니다. 교과서 과학의 내용을 생활 속 에피소드에 녹여 저 나름대로 재판을 하는 과정은 마치 제가 과학의 신이 된 듯 뿌듯하기도 했고, 상상의 나라인 과학공화국에서 많은 즐거운 상상들을 펼칠 수 있어서 좋았습니다.

과학공화국 시리즈 덕분에 저는 많은 초등학생 그리고 학부모님들과 만나서 이야기를 나누었습니다. 그리고 그들이 저의 책을 재밌게 읽어 주고 과학을 점점 좋아하게 되는 모습을 지켜보며 좀 더 좋은 원고를 쓰고자 더욱 노력했습니다.

끝으로 이 책을 내도록 용기와 격려를 아끼지 않은 (주)자음과모음의 강병철 사장님과 빡빡한 일정에도 불구하고 좋은 시리즈를 만들기 위해 함께 노력해 준 자음과모음의 모든 식구들, 그리고 진주에서 작업을 도와준 과학 창작 동아리 'SCICOM'의 식구들에게 감사를 드립니다.

진주에서

정완상

목차

판사

이 책을 읽기 전에 생활 속에서 배우는 기상천외한 과학 수업   4
프롤로그 물리법정의 탄생   8

제1장 속력과 속도에 관한 사건 13

물리법정 1 속력의 뜻-수프로국립공원의 사냥꾼
물리법정 2 평균 속력-생활과학경시대회의 알쏭달쏭 문제
물리법정 3 상대 속도①-소행성을 막아라
물리법정 4 상대 속도②-강 빨리 건너기
물리법정 5 속도의 뜻-나는 제한 평균 속도를 넘지 않았어요
과학 성적 끌어올리기

물치 변호사

제2장 관성에 관한 사건 85

물리법정 6 관성-씽씽레이싱대회의 비극
물리법정 7 관성의 예-조깅할 때는 바닥을 봐라
물리법정 8 관성과 표면장력-아마추어 과학자의 순간 포착
물리법정 9 관성과 질량-나이스야구단의 1번 타자
물리법정 10 관성력-휴지가 안 끊어져요
과학 성적 끌어올리기

제3장 운동 법칙에 관한 사건 141

물리법정 11 가속도-속도와 가속도의 방향
물리법정 12 운동 법칙과 질량-트럭이 막아 버린 맞선
물리법정 13 중력에 의한 운동-무조건 명중
물리법정 14 연결된 두 물체의 운동 법칙-두 차를 맞대면 교통사고를 피할 수 있었을 텐데
과학 성적 끌어올리기

제4장 작용과 반작용에 관한 사건 189

물리법정 15 작용 반작용의 원리①-자석으로 차를 움직인다고요?
물리법정 16 작용 반작용의 원리②-바퀴 없는 차
물리법정 17 작용 반작용의 원리③-자갈섬 탈출
물리법정 18 반작용과 충격력-수영장에 스펀지를 붙이면 어떻게 턴을 해요?
물리법정 19 작용 반작용의 원리 응용-60킬로그램까지만 통과하는 다리
과학 성적 끌어올리기

피즈 변호사

제5장 회전에 관한 사건 245

물리법정 20 병진 운동과 회전 운동-텅 빈 당구공
물리법정 21 회전 관성①-천사 옷을 입고 날갯짓하며 피겨 스케이팅을 하고 싶어요
물리법정 22 회전 관성②-삶은 달걀이냐 날달걀이냐, 그것이 문제로다
물리법정 23 회전 관성③-지구의 자전이 멈추고 있다고요?
과학 성적 끌어올리기

에필로그 위대한 물리학자가 되세요 290

물리법정의 탄생

과학을 좋아하는 사람들이 모여 사는 과학공화국이 있었다. 과학공화국의 국민들은 어릴 때부터 과학을 필수 과목으로 공부하고, 첨단 과학으로 신제품을 개발해 엄청난 무역 흑자를 올리고 있었다. 그리해 과학공화국은 세상에서 가장 부유한 나라가 되었다.

과학에는 물리학, 화학, 생물학 등이 있는데 과학공화국 국민들은 다른 과학 과목에 비해서 유독 물리학을 어려워했다. 돌멩이가 떨어지는 것이나 자동차의 충돌 사고, 놀이 기구의 작동 원리, 정전기를 느끼는 일 등과 같은 물리적인 현상은 주변에서 쉽게 관찰되지만, 그러한 현상들의 원리를 정확하게 알고 있는 사람은 드물었다.

그 이유는 과학공화국의 대학 입시 제도와 관련이 깊었다. 대부분의 고등학생들은 대학 입시에서 높은 점수를 받기 쉬운 화학, 생물을 선호하고 물리를 멀리했다. 학교에서는 물리를 가르치는 선생님들이 줄어들었고, 선생님들의 물리 지식 수준 역시 낮아졌다.

이런 상황에서도 과학공화국에서는 물리를 이해해야 해결할 수 있는 크고 작은 사건들이 많이 일어났다. 그런데 사건의 상당수를 법학을 공부한 사람들로 구성된 일반 법정에서 다루어서 정확한 판결을 내리기가 힘들었다. 이로 인해 물리학을 잘 모르는 일반 법정의 판결에 불복하는 사람들이 많아져 심각한 사회 문제로 떠오르고 있었다. 그리해 과학공화국의 박과학 대통령은 회의를 열었다.

대통령이 힘없이 말을 꺼냈다.

"이 문제를 어떻게 처리하면 좋겠소?"

법무부 장관이 자신 있게 말했다.

"헌법에 물리적인 부분을 좀 추가하면 어떨까요?"

대통령이 못마땅한 듯 대답했다.

"좀 약하지 않을까?"

의사 출신인 보건복지부 장관이 끼어들었다.

"물리학과 관계된 사건에 대해서는 물리학자를 법정에 참석시키면 어떨까요? 의료 사건의 경우 의사를 참석시켰는데 성공적이었거든요."

내무부 장관이 보건복지부 장관에게 항의했다.

"의사를 참석시켜서 뭐가 성공적이었소? 의사들의 실수로 인한 의료사고를 다루는 재판에서 의사가 피고(소송을 당한 사람)인 의사 편을 들어 피해자가 속출했잖소."

평소 사이가 좋지 않던 두 장관이 논쟁을 벌였다.

"자네가 의학을 알아? 전문 분야라 의사들만 알 수 있어."

"가재는 게 편이라고 의사들에게 항상 유리한 판결만 나왔잖아."

부통령이 두 사람의 논쟁을 막았다.

"그만두시오. 우린 지금 의료 사건 얘기를 하는 게 아니잖아요. 본론인 물리 사건에 대한 해결책을 말해 보세요."

수학부 장관이 의견을 냈다.

"우선 물리부 장관의 의견을 들어 봅시다."

그때 조용히 눈을 감고 있던 물리부 장관이 말했다.

"물리학으로 판결을 내리는 새로운 법정을 만들면 어떨까요? 한마디로 물리법정을 만들자는 겁니다."

침묵을 지키고 있던 박과학 대통령이 눈을 크게 뜨고 물리부 장관을 쳐다보았다.

"물리법정!"

물리부 장관이 자신 있게 말했다.

"물리와 관련된 사건은 물리법정에서 다루는 거죠. 그리고 그 법정에서의 판결들을 신문에 실어 널리 알리면 사람들이 더 이상 다투지 않고 자신의 잘못을 인정할 겁니다."

법무부 장관이 물었다.

"그럼 물리와 관련된 법을 국회에서 만들어야 하잖소?"

"물리학은 정직한 학문입니다. 사과나무의 사과는 땅으로 떨어지지 하늘로 치솟지는 않습니다. 또한 양의 전기를 띤 물체와 음의 전기를 띤 물체 사이에는 서로 끌어당기는 힘이 작용하죠. 이것은 지위와 나라에 따라 달라지지 않습니다. 이러한 물리적인 법칙은 이미 우리 주위에 있으므로 새로운 물리법을 만들 필요는 없습니다."

물리부 장관의 말이 끝나자 대통령은 환하게 미소를 지으며 흡족해했다. 이렇게 해서 과학공화국에는 물리 사건을 담당하는 물리법정이 만들어지게 되었다.

이제 물리법정의 판사와 변호사를 결정해야 했다. 하지만 물리학자는 재판 진행 절차에 미숙하므로 물리학자에게 재판 진행을 맡길 수 없었다. 그리해 과학공화국에서는 물리학자들을 대상으로 사법고시를 실시했다. 시험 과목은 물리학과 재판 진행법, 두 과목이었다.

많은 사람들이 지원할 거라 기대했지만 세 명의 물리 법조인을 선발하는 시험에 세 명이 지원했다. 결국 지원자 모두 합격하는 해프닝을 연출했다. 1등과 2등의 점수는 만족할 만한 점수였지만 3등을 한 물치는 시험 점수가 형편없었다. 1등을 한 물리짱이 판사를 맡고 2등을 한 피즈와 3등을 한 물치가 원고(법원에 소송을 한 사람) 측과 피고(소송을 당한 사람) 측의 변론(법정에서 주장하거나 진술하는 것)을 맡게 되었다.

이제 과학공화국의 사람들 사이에서 벌어지는 수많은 사건들이 물리법정의 판결을 통해 원활히 해결될 수 있게 되었다. 그리고 국민들은 물리법정의 판결들을 통해 물리를 쉽고 정확히 알게 되었다.

속력과 속도에 관한 사건

제1장

속력의 뜻 – 수프로국립공원의 사냥꾼

평균 속력 – 생활과학경시대회의 알쏭달쏭 문제

상대 속도① – 소행성을 막아라

상대 속도② – 강 빨리 건너기

속도의 뜻 – 나는 제한 평균 속도를 넘지 않았어요

수프로국립공원의 사냥꾼

새총으로 물건을 맞힐 때 어떤 성질이 작용할까요?

과학공화국의 수프로시티에는 최고의 경관을 자랑하는 수프로국립공원이 있었다. 수프로국립공원은 과학공화국에서 가장 유서 깊고 큰 국립공원이자 자연의 모습이 최대한 야생의 상태 그대로 보존된 곳으로 많은 사람들이 관광을 오곤 했다.

연휴를 맞이해서 가족과 함께 나들이를 나선 이명중 씨도 신이 나 있었다.

"이야, 저것 봐! 나무 위에 날다람쥐가 다니고 있어!"

"어디? 어디?"

"저기 봐!"

"우아, 그렇네! 이렇게 야생 동물을 가까이서 보다니, 너무 좋다!"

야생 동물들이 자유로이 뛰어다니는 모습에 이명중 씨는 넋을 잃고 주위를 두리번거렸다. 그러다가 이명중 씨는 정해진 등산로의 울타리를 살짝 벗어나 샛길로 들어섰다.

바로 그때 빨간 조끼와 모자를 쓴 관리자가 삐익 하는 호루라기 소리와 함께 이명중 씨에게 소리를 질렀다.

"거기, 아저씨! 정해진 등산로를 벗어나면 어떡합니까?"

놀란 이명중 씨가 움찔하며 물러섰다.

"네…… 네?"

"울타리를 벗어나면 자연이 훼손되잖습니까?"

"일부러 그런 게 아니라……."

"어서 이리로 나오세요!"

서슬 퍼런 관리자의 호통에 이명중 씨는 뒷머리를 긁적이며 다시 등산로로 들어섰다.

이명중 씨의 아내 안내조 씨가 남편의 편을 들고 나섰다.

"왜 저렇게 극성스러운지 몰라."

이명중 씨도 언짢은 표정으로 들으란 듯이 크게 말했다.

"그러게. 기분 좋게 둘러보다가도 저렇게 도끼눈을 뜨고 감시를 하니 어디 마음이 불편해서 자연을 느낄 수가 있겠어?"

최근 연휴를 맞아 국립공원의 관광객의 숫자가 급격히 늘어나자 자연이 훼손될 것을 걱정한 공원 관리자들은 공원 안으로 취사도구나 사냥을 위한 총을 들고 가는 것을 엄격히 단속하기 시작했던 것이다.

"거참, 예전에는 친구들과 몰려와서 천지로 널려 있는 토끼들이나 참새들을 잡아서 구워 먹고 그랬는데, 이제는 그런 재미도 없으니 그림의 떡이로구먼."

이명중 씨는 작게 중얼거리며 관리자들을 불만이 가득한 얼굴로 째려보았다. 사냥 클럽 소속의 이명중 씨는 사냥 마니아로 수프로 국립공원이 생기기 훨씬 전부터 근처의 산과 들에서 야생동물 사냥을 즐겨 왔다. 하지만 요즘 들어서는 감시가 워낙에 삼엄해진 데다 총기류를 소지하는 것만으로도 사냥 금지법을 위반했다고 해 벌금을 물게 되니 이만저만 불만이 아니었다. 막상 눈앞에서 토끼와 노루, 사슴이 뛰어다니는 모습을 보니 이명중 씨는 더욱 속이 타 들어갔다.

"아깝다, 아까워. 저 노루 한 마리만 잡으면 우리 사냥회에서 최고 등급의 사냥꾼으로 업그레이드될 수 있을 텐데……."

입맛을 다시며 눈으로 노루를 쫓던 이명중 씨가 갑자기 무엇인가 생각이 난 듯 손뼉을 소리 나게 쳤다.

"그렇지! 내가 왜 그 생각을 못했을까? 하하하, 난 천재인가 봐."

갑자기 기분이 좋아진 이명중 씨를 이상하게 쳐다보며 부인이 물었다.

"여보, 뭐가 그렇게 좋아요?"

"아, 그런 게 있어. 당신은 몰라도 됩니다. 일단 당신 먼저 애들 데리고 저 위에 있는 정자에 가서 쉬고 있어. 난 천천히 올라갈게."

아내와 아이들을 떠밀듯이 올려 보낸 이명중 씨가 휘파람을 불며 슬금슬금 등산로를 벗어나 걷기 시작했다.

곧이어 관리자의 눈을 피해 용케 숲 속으로 들어온 이명중 씨가 주위를 두리번거리며 나뭇가지를 만지작거리면서 고르기 시작했다. 그러다 단단하게 생긴 나뭇가지 하나를 꺾어 주머니에서 꺼낸 고무줄로 연결해 새총을 만들었다.

"새총은 총기류에 해당되지 않는다는 말씀. 이히히."

등산로에서 완전히 벗어난 이명중 씨는 마음 놓고 동물들이 뛰노는 숲에서 조용히 조준을 했다. 마침 사정거리 안에 있는 커다란 덤불 뒤쪽이 움찔거리기 시작했다.

'놈이다!'

뭔가 커다란 동물이 있는 것이 분명했다.

바닥에서 작은 자갈을 하나 주워 들은 이명중 씨가 그것을 새총에 끼우며 두 눈을 가느스름히 하고는 덤불을 향해 자신의 총구를 들이대었다. 흔들거리던 덤불 속의 동물은 이명중 씨의 기척을 전혀 눈치 채지 못하고 있었다.

숨을 가다듬고 매서운 눈빛으로 고무줄을 최대한 당긴 이명중 씨가 마침내 새총을 발사했다.

따악!

"아얏!"

갑자기 덤불 뒤에서 외마디 비명 소리가 들려왔다. 덤불 뒤에 있던 것은 등산로 주변을 순찰하던 공원 관리자였다.

이명중 씨는 가슴이 철렁했다. 사냥을 하다가 다른 사람도 아니고 공원 관리자에게 딱 걸려 버린 것이었기 때문이다.

"이봐요! 여기는 사냥 금지 구역인 것도 모르세요!"

변명거리가 궁색해진 이명중 씨가 오히려 배짱으로 나섰다.

"제가 무슨 사냥을 했다고 그럽니까? 새총은 엄연히 총기류에 속하지도 않는데. 난 그저 아들 녀석의 장난감을 가지고 논 것일 뿐이에요."

시치미를 떼는 이명중 씨의 태도에 관리자가 피가 흐르는 코를 감싸며 성큼성큼 다가와 따졌다.

"이것 보세요! 제 코에 피가 나는 게 안 보입니까? 이게 장난감으로 한 짓이라고 믿으라는 겁니까? 당신, 저랑 함께 가셔야겠습니다!"

그 일로 관리자는 코뼈가 부러져 병원에 입원까지 하게 되었고 이명중 씨를 물리법정에 고소했다.

고무줄의 탄성력과 돌멩이, 쇠구슬의 질량에 따라
새총의 위력이 달라집니다.

새총의 위력이 진짜 총만큼 강할까요?
물리법정에서 알아봅시다.

 재판을 시작하도록 하겠습니다. 먼저, 피고
측 변호사.

 …….

 피고 측 변호사!

 앗! 깜짝이야…….

 지금 신성한 재판이 시작 됐는데 졸고 있습니까? 쯧쯧.

 졸다니요? 제가요? 무슨 말씀을…… 전 잠시 명상에 빠져 있
었습니다. 흠흠.

 침 흘린 거나 좀 닦고 말하세요. 변론이나 들어 봅시다.

 안 그래도 그러려고 했습니다. 에헴, 존경하는 판사님, 생각을
해 보십시오. 고작 나뭇가지로 만든 애들 장난감인 새총을 총
이라고 보다니요? 그럼 물총도 총이고, 권총도 총입니까?

 권총은 총 맞는데요.

 어쨌든! 새총으로 돌멩이를 쏴 봤자 그게 얼마나 세다고 그러
는지…… 저는 피고의 결백을 주장하는 바입니다. 이상입니
다. 후아암.

 으이그, 그렇게 졸고도 하품이 나옵니까? 다음, 원고 측 변호

사 변론하세요.

증인을 요청합니다.

증인? 어떤 증인 말입니까?

전국체전 새총사격대회 챔피언이자 속력연구소의 강속구 씨입니다.

좋습니다.

팔뚝의 근육이 유난히 울룩불룩하게 솟은 건장한 남자가 증인석에 섰다. 남자의 허리춤에는 각종 새총들이 마치권총인 양 달려 있고, 등에 멘 주머니에서는 새총의 총알로 쓰이는자갈들이 절그럭거리는 소리를 낸다.

새총은 어떻게 작동하나요?

새총은 브이 자 모양의 나뭇가지에 고무줄을 걸고 그 사이에딱딱한 돌멩이나 쇠구슬을 넣고 당겨 고무줄의 탄성력으로 튕겨 내어 목표물을 맞히는 것입니다.

탄성력에 대해 간단히 설명해 주시겠습니까?

탄성력은 제자리로 돌아오려는 성질을 말하는데요, 탄성력이큰 물질일수록 변형시켰을 때 제자리로 돌아오려는 성질이 커서 튕겨 내는 힘 또한 큽니다. 고무줄이나 용수철이 그 예입니다. 새총의 경우에는 고무줄의 탄성력이 얼마나 센지에 따라,

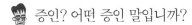

돌멩이나 쇠구슬의 질량이 얼마나 되는지에 따라 그 위력이 세기도 하고 약하기도 합니다.

그럼 새총의 위력에 대해 말씀해 주시겠습니까?

새총이오? 모르는 분들은 새총이 뭐 그리 빠를까? 혹은 새총이라 봤자 맞으면 따끔 하는 정도이겠거니 하시겠지만 한 번이라도 맞아 본 사람은 절대 그렇게 말하지 않습니다.

그렇다면 위력이 굉장하다는 말씀이시군요.

그렇습니다.

어느 정도입니까?

몇 가지 사례를 들어 보겠습니다. 초등학교 앞 문방구에서 파는 새총과 총알로 유리창을 산산조각 낼 수도 있고, 눈에 맞으면 실명하는 일도 있습니다. 또한 새총의 고무줄과 돌멩이 대신 활대와 쇠구슬을 이용해서 10미터 거리의 깡통을 명중시키면 총을 쏘았을 때와 같은 정도의 파괴력을 보입니다. 심지어 새총의 속력을 재 봤더니 시속 250킬로미터까지 나오기도 했습니다. 이 정도의 속력이라면 총이나 다름없습니다.

총과 같은 위력이라면 정말 위험하군요. 피고는 깊이 반성해야 하며 원고의 물질적 정신적 피해에 대해 합당한 보상을 요구하는 바입니다.

자…… 그럼 판결을 내리도록 하겠습니다. 피고는 원고의 경고에도 불구하고 공원에서 금지된 사냥을 목적으로 새총을 만

들어 쏘았으며, 또 새총으로 원고의 코뼈가 부러지게 하는 중 상을 입혔습니다. 설사 새총이 총기에 속하지 않는다 하더라 도 가해를 입힌 책임을 분명히 져야 합니다. 그러므로 원고의 치료비와 공원 수칙을 지키지 않은 벌금을 내십시오.

재판이 끝난 후 과학공화국은 앞으로 새총 포장지에 사용 안전 수칙을 부착시키는 사항에 대한 법안을 제출하고, 새총 소지자에 대해 새총의 속도가 얼마나 큰가에 대한 교육을 시키기 시작했다.

 새총과 탄성력

물체에 힘을 작용하면 모양이 변하는데 이때 물체가 원래의 모양으로 되돌아가려는 성질을 탄성이 라고 하고, 그 힘을 탄성력이라고 한다. 탄성력은 물체의 모양이 많이 변할수록 커지는데 새총의 경 우 고무줄을 많이 잡아당겨 고무줄의 모양의 변화가 크면 클수록 탄성력이 커진다.

생활과학경시대회의 알쏭달쏭 문제

속력과 속도는 어떻게 다를까요?

초등학교 6학년생 허공부 군은 어린 시절부터 지금까지 자신이 천재인 줄 알고 있는 특이한 학생이었다. 물론 공부도 잘하고 똑똑한 것은 사실이었지만 지나친 자만심으로 친구들 사이에서는 왕따를 당하기 일쑤였다. 하지만 본인은 그런 사실을 전혀 모를 뿐 아니라 오히려 자신이 다른 친구들과 어울리고 싶지 않아서 혼자서 다니고는 했다.

"선생님, 저는 이 수업 유치해서 도저히 못 듣겠는데요."

"뭐, 뭐야?"

허공부 군이 수업을 듣다 말고는 그대로 교실을 나가 버렸다.

"휴우, 내 수준에 맞는 사람들이 이 학교에는 도통 한 명도 없네."

허공부 군의 부모가 학교에서 있었던 일을 전해 듣고는 걱정이 되었다.

"당신은 애가 저렇게 왕따가 될 때까지 뭘 하고 있었어?"

"어머…… 당신 어머니가 저렇게 오냐오냐 길러 주신 덕분에 애가 저렇게 된 거잖아요. 이제 와서 내 탓 하기는."

"저렇게 자기만 잘난 줄 알고 살다가는 영원히 다른 사람들과는 어울리지 못할 거야."

"그러니 이젠 어떻게 해요."

허공부 군의 아버지가 굳게 결심한 표정으로 말했다.

"저 자만심을 꺾어 줘야지."

다음 날, 허공부 군의 아버지가 일반인을 대상으로 하는 과학경시대회인 생활과학경시대회에 아들을 출전시켰다.

허공부 군이 신이 나서 대회장을 두리번거리며 말했다.

"훗, 아버지도 제 천재성을 인정하시는군요."

마침내 시험이 시작되고 참가자들만 대회장에 남았다. 허공부 군은 자신의 자리에 앉아서 커다란 스크린에 문제가 나오기를 기다렸다.

곧이어 스피커에서 목소리가 들려왔다.

"생활과학경시대회에 출전하신 것을 환영합니다. 우리 대회에서는 일상생활에서 흔히 일어나는 일들을 과학으로 풀어 보는 재미있는 경험을 해 볼 수 있습니다. 그럼 먼저 화면을 봐 주시기 바랍니다."

스피커의 안내 목소리가 끝나자 화면에는 어떤 영화의 한 장면이 나왔다. 다정한 연인이 바닷가에서 아쉬워하며 헤어지는 장면이었다. 그러다가 마지막 장면에서 다시 달려가 포옹을 하며 화면이 어두워졌다.

"유치하긴……."

곧이어 문제가 화면에 나타났다.

스피드 군과 에버 양이 바닷가 모래사장에서 서로를 마주보며 서 있습니다. 두 사람의 거리는 200m이고 두 사람은 똑같이 평균속력 10m/s로 서로를 향해 뛰기 시작했습니다. 그 순간 에버 양의 이마에 붙어 있던 파리가 스피드 군의 이마를 향해 날아가 이마에 부딪친 후 다시 에버 양의 이마를 향해 날아가고 파리는 이렇게 두 사람의 이마 사이를 왕복했습니다. 드디어 스피드 군과 에버 양은 포옹을 했고 그 순간 파리는 두 사람의 이마에 끼어 죽었습니다. 파리의 평균 속력이 20m/s라고 할 때 파리가 에버 양의 이마를 처음 출발해 죽을 때까지의 움직인 거리는 얼마일까요?

"뭐야? 이런 문제 같지도 않은 문제가 경시대회 문제라는 거야? 당연히 파리는 무한히 긴 거리를 움직였으니 무한대지."

아직도 정신을 못 차린 허공부 군은 무언가 시험지에 적어 넣고는 휙 하고 일어서 나가 버렸다.

감독관이 허공부 군을 붙잡으며 말했다.

"문제를 다 풀기 전에는 나갈 수 없습니다."

"벌써 다 풀었어요. 이렇게 유치한 문제를 문제라고 낸 건지, 참내."

허공부 군은 감독관을 깔보는 눈빛으로 보더니 유유히 시험장을 나섰다.

감독관이 시험지를 걷으며 웅얼거리듯 말했다.

"뭐 저런 건방진 꼬마가 다 있어? 똑똑하면 다야?"

다음 날 아침, 일어나자마자 생활과학경시대회 결과를 보기 위해 허공부 군이 신문을 펼쳐 들었다.

"어? 뭐야! 정답은 200미터?"

허공부 군이 갑자기 별안간 크게 소리 지르며 신문을 집어던졌다. 그러고는 온몸을 부들부들 떨기 시작했다. 허공부 군의 아버지가 얼른 신문을 주워 살펴보았다. 신문에는 생활과학경시대회 입상자 어디에도 허공부 군의 이름이 없었다.

"아들아, 너보다 더 똑똑한 천재도 이 세상에는 많고 많은가 보구나."

허공부 군의 아버지가 부드러운 목소리로 아들을 위로하려 했다. 하지만 허공부 군은 자신의 패배를 인정하려 들지 않았다.

"이 답이 틀린 거예요. 내가 틀렸을 리 없다고요. 두고 보세요, 증명해 보일 테니."

허공부 군은 말이 끝나기 무섭게 물리법정으로 달려갔다.

속력은 물체가 움직인 거리를 시간당으로 나타내는
물리량이며, 속도는 힘이 받는 방향으로 움직임을
표현하기 위한 물리량으로 각각 사용되어집니다.

이번에도 허공부 군이 1등일까요?
물리법정에서 알아봅시다.

이번 사건은 독특하군요. 시험 문제의 정답을 알려 달라니. 일단 의뢰인 측의 변론부터 들어 봅시다.

의뢰인은 분명 똑똑한 학생입니다. 의뢰인의 답은 틀릴 리 없습니다.

어허, 제대로 된 변론을 하시죠.

네…… 저기 물 한 잔 마시고요. 꿀꺽. 죽을 때까지 왕복을 해야 한다면 당연히 파리가 무한대로 왕복해야 하는 것 아니겠습니까? 더 이상 생각할 것도 없습니다.

그런 어처구니없는 변론이 어디 있습니까? 일단 생활과학경시대회 답이 어떻게 계산되었는지 알 필요가 있겠군요. 피즈 변호사의 변론을 듣고 해결해 봅시다.

판사님, 의뢰인은 큰 오류를 범하고 있습니다.

그래요? 피즈 변호사, 어떤 오류인가요?

네, 이 문제의 해결점을 제공할 속력해결연구소의 김날쌘 연구소장을 모시고 말씀드리겠습니다.

까만 머리에 무테 안경을 쓴 깔끔한 외모의 중년 신사가
증인석에 앉았다.

🗣 자리해 주셔서 감사합니다. 문제 해결에 있어 물치 변호사의
말이 옳습니까?

🗣 아닙니다. 결론부터 말하자면 생활과학경시대회의 답이 옳습
니다.

🗣 자세한 설명을 부탁드리겠습니다.

🗣 이 문제는 거리, 시간, 속력의 계산을 통해서 간단히 해결할
수 있습니다. 스피드 군과 에버 양이 떨어진 거리는 200m이
고, 두 사람이 각각 10m/s로 달립니다. 그러므로 각각 100m
씩 달려 두 사람은 10초 후에 포옹하게 됩니다. 그렇다면 파리
는 왕복을 하건 어쩌건 10초 동안 난다는 말이죠.

🗣 그럼 여기서 원고 측의 주장인 무한대로 난다는 말이 오류로
판명되는군요.

🗣 그렇죠. 결국 파리는 속력 20m/s로 10초 동안 200m를 날게
되는 것이죠.

🗣 파리가 왕복한다고 했는데요? 방향은 문제가 안 됩니까?

🗣 네, 속력은 얼마나 빨리 가는지를 의미하고 방향까지 고려하
는 속도와는 다릅니다. 속력을 잴 때는 방향은 신경 쓰지 않아
도 됩니다.

 깔끔한 설명 감사합니다. 판사님 결론을 내려 주십시오.

 의뢰인이 정말 큰 실수를 했군요. 생활과학경시대회 문제의 정답은 200m가 맞습니다. 거만한 태도로 자신의 답을 무조건 우기는 것은 잘못된 행동입니다. 앞으로는 다른 의견을 받아들일 줄 알고 폭넓게 사고할 줄 아는 지혜와 지식을 겸비한 학생이 되었으면 합니다.

 지하철과 자동차

지하철과 자동차 중 어느 것이 더 빠를까? 어떤 속력을 비교하는가에 따라 다를 수 있다. 속력에는 평균 속력과 순간 속력이 있는데, 물론 순간 속력은 자동차가 크다. 하지만 아침 출근길에 차가 꽉 막혀 있을 때는 정해진 거리를 가는 데 지하철이 자동차보다 시간이 덜 걸린다. 그러므로 이런 경우에는 지하철의 평균 속력이 자동차의 평균 속력보다 더 크다고 할 수 있다.

소행성을 막아라

달리는 버스 안에서 같은 방향으로 진행하는 차와
마주오는 차의 속도감은 어떻게 다를까요?

"뉴스 속보를 알려 드리겠습니다. 현재 소행성이
지구를 향해 무서운 속도로 돌진하고 있다는 소식
입니다. 우주 센터에 나가 있는 이 기자를 통해 자
세한 현재 상황을 들어 보도록 하겠습니다. 이 기자, 나와 주세요."

"예, 우주 센터에 나와 있는 이 기자입니다. 제 옆에는 우주 센터의
황 박사님이 계십니다. 박사님, 소행성이 지구를 향해 돌진하고 있
다고 하는데요. 그 대처 방안은 무엇입니까?"

"음, 우선 국민 여러분께서는 너무 심려하지 않기를 바랍니다. 우
리 우주 센터에서는 이러한 소행성과의 충돌을 대비해 오래전부터

준비해 온 것이 있습니다."

"박사님, 구체적으로 무엇입니까?"

"바로 핵폭탄을 장착한 우주선을 소행성에 착륙시켜서 폭파하는 것입니다. 그렇게 한다면 소행성은 산산이 조각나서 우리 지구는 어떠한 피해도 입지 않을 것으로 예상합니다."

"그렇군요! 이제야 좀 안심이 됩니다. 지금까지 우주 센터에서 이 기자였습니다."

이곳은 우주 센터의 회의장. 비상 회의가 열려 수십 명의 박사들이 열띤 토론을 하고 있었다.

"자, 이미 언론에 현재의 상황이 알려졌습니다. 국민들이 불안에 떨고 있고, 소행성은 앞으로 15시간 뒤면 우리 지구와 충돌하게 됩니다."

가만히 앉아 인상을 찌푸리고 있던 엄 박사가 마이크를 잡고는 다급한 목소리로 말했다.

"어서 우리 우주선을 소행성으로 보내야 합니다. 한시가 급한 이 때에 이렇게 앉아서 언제까지 회의만 하고 있을 겁니까? 빨리 결단을 내려서 요원들을 보내야 합니다!"

엄 박사 옆에 앉아 있던 뚱뚱한 최 박사도 덩달아 말했다.

"엄 박사의 이야기에 100퍼센트 동의합니다. 지금 이 시간도 소행성은 무서운 속도로 달려오고 있는데, 어서 우주선을 출발시켜야 합니다."

"어서 출발시킵시다!"

회의장 안에 있는 모든 박사들이 재촉하기 시작했다.

가만히 침묵을 지키고 있던 우주 센터장이 천천히 마이크 앞으로 다가갔다.

"여러분의 의견이 그렇다면 우주선에 핵폭탄을 싣고 지금 즉시 소행성으로 출발하도록 명령을 내리겠습니다. 하지만 이 명령은 우리 요원들의 생명과 지구의 미래가 모두 걸려 있는 중대한 일입니다. 조금 더 신중하고 구체적인 토론을 해야 하지 않겠습니까? 흥분하지 마시고 구체적인 안건을 제시해 주십시오. 만약 이 계획이 실패한다면 어떤 다른 해결책이 있습니까?"

순간 회의장 안은 침묵에 잠겼다.

그때 회의장의 문을 열고 들어온 김 비서가 침묵을 깼다.

"큰일 났습니다. 소행성의 속도가 점점 빨라져서 앞으로 10시간도 채 안 돼서 지구와 충돌할 것 같습니다."

다시 회의장 안은 웅성거리기 시작했다.

엄 박사가 다시 마이크를 잡았다.

"내가 이럴 줄 알았다니까! 그러니까 내 말대로 빨리 우주선을 보내야 한다고! 안 그렇습니까?"

"어서 실행합시다!"

결국 우주 센터장은 우주선을 보내기로 결정했다.

우주선에 탑승할 요원으로 뽑힌 우주 센터에서 가장 뛰어나다는 인재 5명이 준비를 하고 박사들 앞에 섰다.

엄 박사가 요원들 앞에 서서 뒷짐을 지고 거들먹거리며 말했다.

"이번 계획은 아주 중요하다. 다들 알고 있겠지만 요원들의 목숨이 달려 있고 더 나아가 우리 지구의 미래가 달려 있는 일이다. 우주선에는 어마어마한 양의 핵탄두가 실려 있다. 여러분의 임무는 소행성을 향해 정면으로 가서 핵폭탄을 설치하는 것이다. 반드시 성공하고 돌아오기를 바란다."

우주선 앞에는 군악대가 경쾌한 음악을 연주하며 요원들의 사기를 드높였다. 우주선의 발사는 전 세계의 사람들이 볼 수 있도록 모든 방송국에서 생중계되고 있었다.

사람들이 성공을 간절히 빌며 텔레비전 앞에 모여 있었다.

"제발……."

우주선은 무사히 지구를 빠져나갔고, 소행성을 향해 돌진했다. 우주 센터의 회의장에는 박사들이 위성을 통해 상황을 지켜보고 있었다.

"한 시간 뒤면 우리 우주선이 소행성에 무사히 착륙해서 소행성을 흔적도 없이 파괴해 버릴 것입니다. 허허허."

"다 같이 성공의 축배를 듭시다."

박사들은 벌써 성공의 축배를 들고 있었다.

그러나 우주선 안의 요원들은 긴장감에 서로 한마디도 주고받지 않았다. 드디어 소행성과의 거리가 점점 가까워지기 시작했다.

우주 센터 회의장 안에 있는 박사들의 시선이 모니터를 주시했다.

"자, 이제 착륙합니다. 어어……어라?"

모니터에 비치는 화면이 흔들리기 시작했고 곧이어 지지직거리며 제대로 보이지 않았다.

최 박사가 당황한 목소리로 소리쳤다.

"아니, 화면이 왜 이래? 무슨 일이야?"

엄 박사 역시 놀란 것 같았지만 이내 별일 아니라는 듯이 너털웃음을 웃으며 말했다.

"원래 착륙을 할 때는 약간 흔들리니까 그런 걸 겁니다. 다들 아시지 않습니까? 곧 괜찮아지겠죠."

그러나 시간이 좀 지나자 화면은 아예 꺼져 버렸다.

얼마 동안 정적이 흐르고 갑자기 스피커에 불이 들어왔다.

"으아악!"

요원들의 목소리였다.

몇 초 후 화면이 다시 지지직거리기 시작했다. 요원들의 얼굴은 상처투성이였으며 몇몇 요원들은 팔과 다리까지 다쳐 조종조차 제대로 할 수 없는 듯 보였다.

"박사님, 시……실패했습니다. 소행성을 향해 정면으로 갔지만 착륙을 할 수 없었습니다. 소행성과 충돌해 현재 우주선이 심각하게 파손되었고, 요원들의 상태도 좋지 않습니다. 하지만 다행히 소행성 자체가 진행 경로를 바꿔 지구와의 충돌은 피할 수 있을 것으로 예상됩니다."

힘겹게 말하는 요원의 목소리는 전 세계의 사람들의 귀에도 전해졌다. 박사들과 텔레비전을 지켜보던 사람들은 일단 소행성과의 충돌이 없을 것이라는 말에 안도의 한숨을 내쉬었다.

그러나 요원들의 가족들은 눈물을 흘렸고, 몇몇 물리학자들은 흥분했다.

"아니, 이런…… 소행성을 향해 정면으로 달려가 착륙을 시도했다고?"

우주 센터에는 항의의 전화가 끊이지 않았다.

"당신들 지금 무슨 짓을 한 거요? 만약 소행성 자체가 진로를 바꾸지 않았다면 우리는 이미 다 죽은 목숨이었어. 또 소행성의 진행 방향에 정면으로 맞서서 달려가다니 생각을 제대로 한 거요? 그렇게 해서 만약 우주선에 탄 요원들이 죽었다면 어쩔 뻔했소! 우주 센터를 물리법정에 고소하겠어!"

상대 속도는 물체의 속도에서
관측자의 속도를 뺀 값으로 나타냅니다.

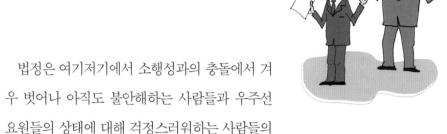

소행성의 진행 방향과 맞서서 달려가게
한 것이 왜 위험한 일일까요?
물리법정에서 알아봅시다.

법정은 여기저기에서 소행성과의 충돌에서 겨
우 벗어나 아직도 불안해하는 사람들과 우주선
요원들의 상태에 대해 걱정스러워하는 사람들의
대화로 좀처럼 조용해지지 않는다.

자, 조용히 하세요. 재판을 시작하도록 하겠습니다. 이번 사건
은 인류의 목숨이 달린 것이었던 만큼 좀 더 엄숙한 재판이 진
행되기를 바랍니다. 원고 측, 변론하세요.

이번 사건은 소행성의 충돌이 인류의 목숨을 앗아갈 수 있는
순간을 종이 한 장 차이로 벗어난 것과 같은 상황이었습니다.
소행성에 우주선이 정면으로 다가가 착륙하는 것이 과연 가능
한지부터 따져야 합니다. 방향 설정 같은 것도 제대로 계획하
지 못해서야 어찌 인류의 목숨을 믿고 맡길 우주 센터라고 말
할 수 있었는지 의심스럽습니다.

무슨 소리 하십니까? 소행성과의 충돌은 이미 피했고, 어쨌든
인류의 목숨에 아무 지장이 없지 않습니까? 소행성에 어떤 방
향으로 다가갔는지 하는 문제로 법정에 서야 한다는 것 자체

가 너무도 억울한 일 아닙니까? 인류를 구해 낸 우주 센터 영
웅들에게 도리어 상을 줘야 한다고요!

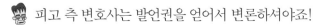 피고 측 변호사는 발언권을 얻어서 변론하셔야죠!

아…… 죄송합니다, 판사님.

그럼 제대로 발언권을 드릴 테니 말씀해 보세요.

예? 제가 할 말은 이미 다 했는걸요.

나 이것 참. 멍석을 깔아 주면 발뺌이구먼. 그럼 원고 측 변론
을 들어 보기로 하겠습니다.

역학연구소 운동학 박사를 증인으로 모시고 변론하겠습니다.

증인은 앞으로 나오세요.

롱다리의 30대 남자가 힘찬 발걸음으로 증인석으로 성
큼성큼 걸어 들어왔다.

한시름 놓긴 했지만 아직도 가슴이 방망이질을 합니다. 박사
님 역시 다르지 않으실 텐데 이 자리까지 나와 주셔서 감사합
니다. 이번 사건에서 우주선이 소행성에 접근하는 방향이 문
제가 되었습니다. 어떤 점 때문에 문제가 되는지 설명해 주십
시오.

우주 센터의 박사님들이 천체와 우주에 대한 연구만 하셔서
이런 실수를 범하셨나 봅니다. 소행성과 우주선의 진행 방향

으로 보면 정반대 방향으로 진행하는 물체라 볼 수 있는데, 이
런 경우 상대 속도가 너무 커서 정면으로 다가가는 것은 좋은
착륙이 되지 못합니다.

상대 속도가 무엇이죠?

상대 속도란 다른 물체에 대해 내가 느끼는 속도라고 해 두죠.
내가 가만히 서 있다면 내 속도는 0이므로 상대 물체의 속도는
그대로이겠지만, 나도 운동하고 있다면 상대 물체의 속도에 내
속도까지 더해서 생각해야 되거든요. 그게 실제로 느끼는 속도
입니다. 즉 운동하는 물체가 서로 맞서서 움직인다면 다가가는
물체에 타고 있는 내게 속도는 훨씬 크게 느껴집니다.

달리고 있는 버스의 속력이 80km/h일때.
나란히 진행하는 경우:
상대 속도=100km/h-80km/h=20km/h

달리고 있는 버스의 속력이 80km/h일때.
마주 보고 오는 경우:
상대 속도=-100km/h-80km/h=-180km/h
(-는 관찰자의 진행 방향과 방향이 반대임을 나타낸다)

아, 그래서 차를 타고 가면서 마주 오는 버스의 속도가 엄청나게 느껴졌던 거군요.

그렇죠. 이번 경우처럼 정면으로 다가가서 착륙하면 상대 속도가 훨씬 커집니다. 때문에 반대 방향으로 오고 있는 소행성에 정면으로 다가가면 우주선 속 요원들의 상대 속도는 훨씬 커졌겠죠. 상대 속도가 크면 착륙 시 충격을 많이 받는 것은 당연하고요. 그렇지만 반대의 경우도 생각해 볼 수 있습니다. 물체가 같은 방향으로 운동하는 경우는 상대방의 속도에서 자신의 속도를 빼면 실제로 내가 느끼는 속도가 됩니다.

그럼 방향을 바꾸어 상대 속도를 줄일 수 있었군요.

소행성을 향해 정면으로 다가가는 것이 아니라 소행성의 뒤편에서 소행성의 진행 방향과 같은 방향으로 진행하다가 소행성에 착륙했다면 상대 속도를 훨씬 줄일 수 있었고 충격 또한 적게 받아서 이번과 같은 우주선 파손과 부상은 피할 수 있었을 것입니다.

설명 잘 들었습니다. 상대 속도를 고려하는 것이 운동에 있어 아주 중요하다는 것을 알았습니다. 상대 속도를 대강 보아 넘겨서는 안 되겠군요. 저의 변론은 이상입니다.

우주 센터는 이런 부류의 사고가 다시는 일어나지 않도록 앞으로 역학연구소와 협력해 행성의 운동과 관련된 사무를 추진하도록 해 주십시오. 또한 이번에 다친 우주 센터 요원들의 건강

과 심리적 안정을 위해 지원을 아끼지 말아 주십시오. 현재의
상황을 언론을 통해 세계인이 제대로 알 수 있도록 조치를 취
하는 것은 물론입니다.

재판이 끝난 후 우주 센터는 소행성이 지구에 다가오는 것을 대
비한 여러 가지 모의실험들을 수행하기 시작했다.

 소행성

소행성은 태양의 주위를 돈다는 점에서는 행성과 같지만 행성이 되기에는 질량이 너무 작은 천체를
가리킨다. 주로 화성과 목성 사이의 소행성대와 명왕성을 포함하는 카이퍼벨트 지역에 모여 있다.
명왕성은 2006년 행성학회에서 퇴출되어 더 이상 행성이 아니며 소행성보다는 크기 때문에 왜소행
성이라는 새로운 이름이 붙었다.

강 빨리 건너기

나룻배를 타고 이쪽 나루터에서 저쪽 나루터로 가는
가장 빠른 방법은 무엇일까요?

공무원 시험을 준비하던 최판돌이 어머니의 병환
소식을 듣고 고향으로 내려가기 위해 나루터로 급
히 달려왔다.

"어라? 나룻배가 하나도 없다니 이를 어쩐담. 빨리 가야 하는데.
헤엄을 쳐서 건널 수도 없고…….."

판돌이 발을 구르며 두리번거리니 멀리서 나룻배 한 척이 유유히
다가오고 있었다. 반가운 마음에 판돌이 양손을 머리 위로 뻗어 흔
들어 댔다.

나룻배의 노를 젓던 사공 거부기 씨가 나루터에서 손을 흔들며

폴짝폴짝 뛰는 판돌을 발견했다.

"아니, 원숭이도 아니고 뭐가 저리 폴짝거리는 거야?"

거부기 씨는 느릿느릿 노를 저으며 나루터에 도착했다. 마음이 급했던 최판돌이 나룻배가 닿기도 전에 배에 뛰어올랐다. 뚱뚱한 판돌이 뛰어오르자 배가 휘청거렸다.

거부기 씨가 깜짝 놀라 흔들거리는 배의 중심을 잡았다.

"아이쿠! 여보시게, 그렇게 올라타다 잘못되면 배가 뒤집힌단 말이네! 그리고 누가 마음대로 남의 배에 올라타라고 했나? 보아 하니 선비 같은데 예의 없이 말이야. 당신 같은 손님은 태울 수 없으니 내리시게!"

판돌이 머리를 긁적이며 말했다.

"죄송합니다. 급한 마음에 그만 실수를 했습니다. 지금 어머님이 많이 편찮으시다는 전갈을 받고 너무 걱정스러웠던 차라…… 제발 강을 건너게 해 주십시오."

거부기 씨는 최판돌을 아래위로 훑어보았다. 버선발에 흙이 잔뜩 묻어 있는 것을 보니 거짓말을 하는 것 같지는 않았다.

"사정은 딱하나 나는 오늘 하루 종일 노를 저어서 팔이 너무 아픕니다. 좀 쉬어야 갈 수 있겠는데…… 한 30분 정도 쉬었다가 갑시다."

한시가 급했던 판돌이 다른 나룻배가 없는지 강변을 두리번거렸다.

거부기 씨가 그런 판돌에게 말했다.

"이봐요, 다른 나룻배들은 이미 건너편에 있습니다. 나도 이번에 건너면 오늘은 그만이지요. 정 그렇게 급하면 헤엄이라도 쳐서 가든지요!"

"지금 당장 출발할 수 있도록 해 주세요. 뱃삯의 두 배를 드리겠습니다."

거부기 씨가 판돌의 말에 솔깃했는지 조금 거드름을 피우며 말했다.

"뭐 두 배를 준다면 10분 정도 쉬고 출발하도록 하지 뭐."

최판돌은 사공이 얄미웠으나 강을 건너려면 어쩔 수 없었기 때문에 비위를 맞추는 수밖에 없었다.

"그럼 세 배를 드릴 테니 지금 당장 출발해 주세요. 하지만 가장 시간이 적게 걸리는 길을 택해야 해요. 그렇지 않으면 뱃삯의 절반만 드릴 거예요."

"좋아, 가장 빠른 길로 가려면 똑바로 건너가야겠지? 가만, 강물이 왼쪽에서 오른쪽으로 흐르니까 아무래도 배의 방향을 왼쪽으로 향하게 해야겠어. 그럼 강물의 속도와 배의 속도가 더해져서 배가 똑바로 갈 수 있을 거야. 그러면 가장 짧은 거리를 가게 될 거고 말이야."

거부기 씨는 강을 건너면 받게 될 돈을 생각하며 뱃머리를 왼쪽으로 틀었다.

두 사람은 서로 한마디도 나누지 않은 채 강을 건너고 있었다.

얼마쯤 시간이 지나 거부기 씨가 조금 미안했던지 먼저 말을 붙였다.

"이봐, 젊은 선비! 공무원 시험 준비하러 고향을 떠났었나 보군."

판돌이 대꾸하지 않았다.

거부기 씨가 계속 혼잣말을 했다.

"자네는 분명히 공무원 시험에 합격할 거야! 하하."

이미 기분이 상해 버린 판돌이 사공의 말을 듣는 둥 마는 둥 했다.

거부기 씨가 느릿느릿 노를 저으며 또 한마디 했다.

"이보게, 거참. 어른이 말을 하면 대꾸를 해야지! 들은 체도 안 하고 말이야! 그래 가지고 어디 공무원 시험에 합격하겠나?"

배가 아무래도 느리다고 생각한 판돌이 어이가 없다는 듯 대꾸했다.

"이봐요. 뱃삯도 많이 드리는데 왜 이렇게 속도가 느린 겁니까?"

"이게 가장 빨리 가는 길이구면."

판돌은 사공과 더 이상 대화하고 싶지 않았기 때문에 눈을 질끈 감고 말았다. 그러고는 잠깐 사이 깜빡 잠들었다.

어찌된 일인지 사공이 거북으로 변해서 자신을 등에 태우고 강 속으로 빠져들었다. 이상하게 물속에서도 숨을 쉴 수 있었다. 거북이 느릿느릿 헤엄쳐 판돌을 어딘가로 데리고 갔다. 도착한 곳은 용궁이었다. 용궁에는 병환 중이라는 어머니가 판돌을 기다리고 있었다. 그때 갑자기 거북이 괴물로 변하더니 자신과 어머니를 삼키려고 했다.

판돌이 소리를 지르며 몸을 뒤척였다. 잠에서 깬 판돌이 긴 한숨을 쉬었다.

"무슨 꿈을 꾸었기에 소리를 그리 지르나? 귀청이 떨어지는 줄 알았네!"

사공의 말에 판돌이 사공의 얼굴을 쳐다보았다. 순간 사공의 얼굴이 꿈에서 본 거북으로 겹쳐 보였다.

"악!"

놀라 뒤로 넘어지는 판돌을 보며 사공이 혀를 찼다.

"쯧쯧! 정신 차리게나! 이제 거의 다 도착했네."

판돌은 그제야 주위를 둘러보았다. 석양 무렵이 다 되어 있었다.

"아니! 아직도 도착을 안 했단 말이에요? 도대체 얼마나 걸린 거죠? 왜 이렇게 오래 걸린 거냐고요?"

"도착했네! 자, 내리게나!"

사공은 판돌이 따지는데도 대꾸도 없이 노를 내려놓고 배에서 내렸다.

판돌이 사공을 따라 내리며 물었다.

"얼마죠?"

"음, 세 배를 주기로 했으니 300달란!"

"뭐라고요? 300달란? 가장 빠른 길로 가자고 하면서 했던 약속인데 이렇게 오래 걸리고 말았으니 50달란만 받아요."

"무슨 소리! 나는 가장 짧은 거리를 택해서 강을 똑바로 건넜단 말이네. 게다가 물살까지 고려해 뱃머리를 왼쪽으로 틀었다고. 한 번 보게. 배가 똑바로 오지 않았나?"

"그렇게 해서 시간이 더 걸리고 말았단 말입니다."

"뭐라고?"

결국 두 사람은 짧은 시간에 배를 대는 방법과 뱃삯을 계산할 방법을 물리법정에 물었다.

두 물체의 속도의 방향이 나란하지 않기 때문에 크기와
방향을 가진 벡터로 취급하여 계산한다.

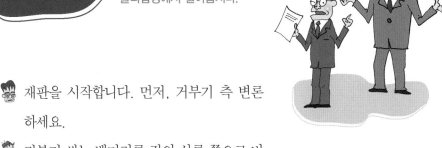

강물을 어떻게 건너는 것이 가장 빨리
건너는 방법일까요?
물리법정에서 알아봅시다.

재판을 시작합니다. 먼저, 거부기 측 변론
하세요.

거부기 씨는 뱃머리를 강의 상류 쪽으로 비
스듬히 틀어 강물의 속도와 배의 속도가 더해져 배가 나아가
는 방향이 강물과 수직이 되도록 배를 저었습니다. 거부기 씨
의 배는 강을 가장 짧은 거리로 건넜던 것입니다. 그러므로 거
부기 씨는 가장 시간이 적게 걸리는 길을 택했고, 그에 맞는
300달란을 받아야 합니다.

이번에는 최판돌 측 변론하세요.

벡터연구소의 이방향 소장을 증인으로 요청합니다.

방향 감각을 잃은 사람처럼 비틀거리며 걸어 들어온 40
대의 남자가 증인석에 앉았다.

증인이 하는 일은 뭐죠?

벡터를 이용한 2, 3차원 운동을 다루는 일을 하고 있습니다.

그럼 강물이 흐를 때 배를 어디로 모는 것이 가장 시간이 적게 걸리는지 말해 줄 수 있겠군요.

🧑 강물과 수직으로 모는 것이 시간이 제일 적게 걸립니다.

🧑 이상하군요. 그렇게 되면 강물이 밀기 때문에 배는 비스듬히 강을 건너 더 긴 거리를 움직이게 되지 않나요?

🧑 물론 그렇죠. 하지만 속도는 가장 크기 때문에 시간이 제일 적게 걸립니다. 여기서 배의 속도와 강물 속도의 방향이 나란하지 않기 때문에 두 속도를 벡터로 취급해 다루어야 합니다.

🧑 벡터가 뭐죠?

🧑 벡터는 크기와 방향을 가진 양입니다. 속도는 속력과 달리 크기와 방향을 가지고 있지요. 예를 들어 두 벡터 a와 b를 더하면 다음과 같이 됩니다.

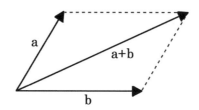

🧑 100m의 폭을 한 강물이 있다고 합시다. 잔잔한 물에서 배의 속도를 4m/s라고 하고 강물의 속도를 3m/s라고 해 보죠. 배를 똑바로 몰면, 배의 속도와 강물의 속도의 합은 다음 그림과 같이 됩니다.

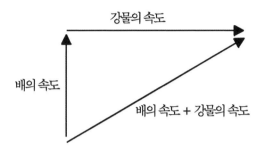

그럼 피타고라스의 정리에 의해 배의 속도와 강물 속도의 크기의 합은 5m/s가 됩니다. 배는 이 속도의 방향으로 나아가지요. 이때 걸리는 시간은 5m/s의 속도로 100m보다 조금 더 긴 거리를 움직이게 되어 강을 건너는데 20초보다 시간이 조금 더 걸립니다. 하지만 거부기 씨처럼 똑바로 건너기 위해 뱃머리를 왼쪽으로 비스듬히 돌린 경우를 보죠.

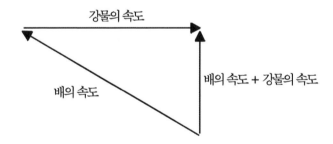

이때 배의 속도와 강물의 속도의 합은 강물과 수직인 방향이 되고 크기는 피타고라스의 정리에 의해 $\sqrt{7}$이 됩니다. 여기서 $\sqrt{7}$은 제곱해 7이 되는 수입니다. 그러므로 이때 걸리는 시간은 $\sqrt{7}$m/s의 속도로 100m를 건너는 데 걸리는 시간이므로

$\dfrac{100}{\sqrt{7}}$(초)가 됩니다. 이것을 계산기로 계산하면 이 값은 약 38

초 정도가 됩니다. 그러므로 시간이 더 걸리지요.

그럼 거부기 씨가 택한 길이 가장 시간이 적게 걸리는 길은 아

니군요. 판사님, 판결 부탁해요.

배가 움직인 거리가 짧다고 시간이 적게 걸리지 않는다는 것

을 이번 재판을 통해 배웠습니다. 거부기 씨가 택한 방법이 강

물을 가장 빠르게 건너는 방법이 아니므로 두 사람 사이의 약

속에 의해 최판돌 씨는 50달란만을 거부기 씨에게 지급할 것

을 결정합니다.

에스컬레이터를 타고 거꾸로 걸으면 ?

에스컬레이터는 일정한 속력으로 움직인다. 이때 에스컬레이터가 움직이는 방향으로 걸으면 에스컬
레이터의 속력만큼 더 빨라지지만, 반대로 에스컬레이터와 반대 방향으로 걸으면 이때 사람의 속력
은 에스컬레이터의 속력에서 자신이 걷는 속력을 뺀 값이 되므로 그만큼 느려진다.

나는 제한 평균 속도를 넘지 않았어요

제자리를 왕복할 때 평균 속도는 어떻게 구할까요?

부우웅.

"오빠, 달려!"

이른 아침, 계으름 씨는 밖에서 들려오는 시끄러운 자동차 소리에 잠을 깼다. 계으름 씨는 몇 달 전부터 알람 시계가 아닌 자동차 소리에 잠을 깨고 있다.

"으으윽! 저 망나니 같은 자식! 저 자식은 잠도 없나?"

계으름 씨가 이불을 걷어차고 일어나 창가로 다가갔다. 그러고는 커튼을 걷고 창문을 열었다.

"야! 너, 잡히면 가만 안 둔다!"

계으름 씨는 험하게 인상을 쓰고 자동차를 향해 쉴 새 없이 삿대질을 해 댔다.

"에헤헤. 아저씨, 해가 중천에 떴다고요! 이제 그만 일어나세요! 유후."

자동차가 쌩하니 지나가 버렸다.

계으름 씨는 화가 머리끝까지 치밀었다. 그래서 얼른 옷을 갈아입고 밖으로 나갈 채비를 했다.

계으름 씨가 '망나니'라고 부르는 자동차 주인은 몇 달 전 이 동네로 이사 온 노개념 씨였다. 노개념 씨는 돈 많은 부모님 덕에 일하지 않고 놀고먹는 실업자였다. 그가 하는 일이라곤 아침부터 저녁 늦게까지 자동차를 몰고 다니며 동네를 시끄럽게 하는 것뿐이었다. 그런 노개념 씨 때문에 동네 사람들은 한시도 조용하게 지낼 수가 없었다. 잠잘 수 없는 것은 물론이고 아이들이 다칠까 걱정되어 밖으로 나가 놀게 하지 못했다.

계으름 씨가 자신의 차에 올라타서는 노개념 씨의 자동차를 뒤쫓기 시작했다. 계으름 씨는 노개념 씨의 자동차를 따라잡기 위해 계속해서 속력을 올렸다. 그러나 아무리 속력을 올려도 계으름 씨의 낡은 개코는 노개념 씨의 빼라리를 따라잡지 못했다.

계으름 씨가 길가에 차를 세우고 주먹으로 핸들을 세게 쳤다.

"윽! 도대체 초속 몇 미터로 달리고 있는 거야? 저건 완전 살인 행위야!"

계으름 씨는 차를 돌려 시청으로 향했다. 시청에 민원을 넣기 위해서였다.

민원실 직원이 계으름 씨를 상냥하게 맞이했다.

"어서 오십시오, 무슨 일이십니까?"

계으름 씨가 굳은 목소리로 대답했다.

"저희 야타동의 제한 평균 속도를 20m/s로 해 주십시오!"

"왜 그러시죠?"

"얼마 전 저희 야타동에 노개념이라는 개념 없는 자식이 이사 왔지요. 그런데 글쎄 이놈이 매일 30m/s를 넘는 속도로 온 동네를 질주하지 뭡니까? 밤낮 없이 말입니다. 그 바람에 동네 주민 모두가 잠을 설치는 것은 물론이고 아이들의 등굣길이며 아이들이 밖에서 노는 것까지 지켜보며 서 있어야 합니다. 노개념의 차에 치일까 두려워하면서 말이죠. 당장 저희 야타동의 자동차 제한 평균 속도를 20m/s로 하고 곳곳에 감시 카메라를 설치해 주십시오!"

흥분을 가라앉히지 못하는 계으름 씨의 설명을 들은 직원이 서류에 무언가 적어 넣으며 말했다.

"그렇군요. 계으름 씨의 민원은 접수되었습니다. 이 사안은 경찰서의 교통과와 연결을 취해 빠른 시일 내에 해결되도록 하겠습니다. 소중한 의견 감사합니다."

민원실 직원의 인사를 뒤로하고 걸어 나오는 계으름 씨의 얼굴은 그제야 평온해진 듯했다.

"이제 좀 마음이 가라앉는구먼! 집에 가면 그동안 못 잔 잠 다 보충하리라!"

계으름 씨는 룰루랄라 콧노래를 부르며 집으로 들어섰다. 그는 뱀이 허물을 벗듯 외출복에서 빠져나와 곧장 잠옷을 챙겨 입고는 이불 속으로 직행했다. 훤한 창에 커튼을 친 것은 물론이었다.

계으름 씨는 전에 없이 편한 마음으로 잠에 빠져들었다. 꿈도 꾸었다.

꿈속에서 계으름 씨는 프랑스 여배우 소피 마르소에게 프러포즈를 받고 있었다.

"계으름 씨, 저는 오래전부터 계으름 씨를 사모해 왔어요."

"소피, 당신에게 나 같은 남자가 가당키나 하오! 당장 나를 잊으시오!"

"오, 나의 계으름! 그럴 수 없어요. 저는 당신을 떠날 수 없어요!"

소피 마르소는 계으름 씨의 바짓가랑이를 붙잡고 늘어지며 울부짖었다. 계으름 씨는 소피 마르소를 일으켜 세우고 소피 마르소의 볼에 키스를 해 주려 했다. 계으름 씨 생애에 이렇게 황홀한 순간이 또 찾아올까! 계으름 씨는 이것이 꿈이라면 절대 깨고 싶지 않았다.

그때였다.

뿌우웅!

결정적인 순간, 계으름 씨의 엉덩이 사이에서 고약한 악취를 풍기는 방귀가 튀어나온 것이었다. 그 독가스에 취한 소피 마르소가 그만 기절해 세상과 이별하고 말았다.

계으름 씨가 싸늘하게 식어 가는 소피 마르소를 부여잡고 울부짖었다.

"오, 나의 소피! 내가 당신을 죽이고 말았구려! 흑흑, 이 망할 놈의 방귀! 흑흑."

뿡뿡!

그런데 이렇게 비극적인 상황에서 눈치 없는 방귀가 계속해서 튀어나왔다.

뿡뿡뿡!

계으름 씨가 방귀를 참으려고 애쓰느라 몸을 비틀다가 잠에서 깨어났다. 얼마나 실감나게 꿈을 꾸었는지 그의 얼굴은 눈물로 젖어 있었다.

붕붕, 부릉부릉, 붕붕붕.

그런데 이상하게 꿈에서 깨어났는데도 방귀 소리가 그칠 줄 몰랐다.

계으름 씨는 잠자리에서 일어나 창가로 갔다. 그러고는 커튼을 열고 창문을 내다봤다. 아니, 이게 웬일인가! 이제 노개념 씨의 자동차를 보지 않게 될 줄 알았는데, 그 차는 여전히 질주하고 있었다. 계으름 씨의 꿈속에서 계속 터져 나왔던 방귀 소리는 노개념 씨의 빼라리 소리였던 것이다.

그런데 노개념 씨의 자동차가 좀 이상했다. 단속 카메라 앞으로 30m/s의 속도로 돌진하더니 급브레이크를 밟고, 다시 뒤로 30m/s

의 속도로 후진하더니 급브레이크를 밟고, 이런 식으로 단속 카메라를 앞에서 왔다 갔다 했다.

노개념 씨의 자동차가 단속 카메라 아래서 출발 지점인 계으름 씨의 방 창문 근처에 왔을 때, 계으름 씨가 소리를 질렀다.

"이 노개념 자식! 네가 나의 소피 마르소를 죽였구나! 흑흑."

이제 야타동에서 노개념 씨의 폭주를 말릴 방법은 아무것도 없는 듯했다.

한 달쯤 지나, 그날도 노개념 씨는 자동차를 몰고 다니다 아침이 다 되어서야 집에 들어왔다. 우편함에 수북하게 쌓여 있던 우편물들을 손에 든 채였다. 우편물 중에는 유난히 눈에 띄는 빨간색 봉투가 여러 개 있었다.

노개념 씨가 빨간색 봉투들을 먼저 뜯었다. 봉투에는 '과태료'라는 글자가 선명하게 새겨져 있었다.

"과태료? 뭐지?"

노개념 씨는 빨간색 봉투들을 모조리 뜯었다. 빨간색 봉투 속에는 제한 평균 속도 위반 과태료 고지서가 들어 있었다.

노개념 씨는 자신은 제한 평균 속도를 넘은 적이 없다며 물리법정에 교통 단속반을 고소했다.

평균 속도는 물체의 중간 빠르기를
고려하는 것이 아니고 일정 시간 동안 물체의
위치가 얼마나 변했는지를 따집니다.

여기는 물리법정

노개념 씨는 제한 평균 속도를 위반했을까요?
물리법정에서 알아봅시다.

 재판을 시작합니다. 먼저 단속반 측, 변론
해 주세요.

 개념 없는 사람이 한동네에 있으면 동네 조
용할 날이 없다니까요. 계으름 씨의 고충을 십분 이해합니다.
계으름 씨의 증언에 따르면 그리고 계으름 씨의 스피드건으로
측정한 결과, 노개념 씨는 초속 30m/s를 넘나들며 시에서 정
한 제한 평균 속도 20m/s를 넘었습니다. 그러므로 노개념 씨
에게 유죄를 선고해 주십시오.

 원고 측, 변론하세요.

 사실 원고같이 자신만 생각하고 다른 사람들은 생각하지 않는
이기적인 젊은이를 변론하고 싶은 생각은 없지만, 일단 물리
법정이므로 물리학적으로 죄의 여부만을 따지겠습니다. 결론
부터 말씀드리면 원고는 과속을 한 건 사실이지만 제한 평균
속도 20m/s를 넘지 않았습니다.

 무슨 소리예요? 과속이라는 게 주어진 속도를 넘는 것 아닙
니까?

 속도에는 두 종류가 있습니다. 하나는 중간 빠르기를 고려하

지 않고 일정 시간 동안 물체의 위치가 얼마나 변했는지를 따지는 평균 속도이고, 또 하나는 주어진 시각의 물체의 속도를 나타내는 순간 속도입니다. 노개념 씨의 경우 순간 속도가 30m/s를 넘는 경우는 많았지만, 단지 단속 카메라를 앞에 두고 한 장소에서 왔다 갔다 하다가 결국은 제자리에 돌아왔습니다. 즉 이 시간 동안 노개념 씨의 위치의 변화는 0이 됩니다. 그러므로 노개념 씨의 이 시간 동안 평균 속도는 0이 되지요.

 그럼 왜 단속 카메라에는 과속이라고 찍혔지요?

 단속 카메라는 평균 속도가 아니라 순간 속도를 재기 때문입니다. 그러므로 이런 못된 행동을 일삼는 노개념 씨를 벌주려면 당장 단속 표지판을 '제한 순간 속도'라는 표현으로 고쳐야 할 것입니다.

 그렇군요. 안타깝지만 지금까지는 표지판이 평균 속도로 되어 있으므로 이번 사건에 대해 노개념 씨를 처벌할 물리적 규정은 없습니다. 단속반은 노개념 씨와 같이 왔다 갔다 하면서 과속을 일삼는 사람들이 더 이상 안 생기도록 표지판을 옳게 고

 속도와 속력

흔히 속도의 크기를 속력으로 생각하는데 항상 그렇지는 않다. 예를 들어 어떤 사람이 10초 동안 5m길이의 구간을 왕복해 제자리로 왔다면 10초 동안 이 사람의 평균 속력은 움직인 거리가 10m이고 시간이 10초이므로 1m/s가 되지만, 이 사람의 처음 위치와 나중 위치는 달라지지 않으므로 평균 속도는 0이 된다.

 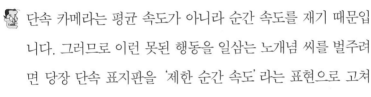

치도록 하십시오.

재판이 끝난 후 모든 표지판에서는 평균 속도라는 단어가 순간 속도로 바뀌었고 그로 인해 노개념 씨는 더 이상 과속할 수 없었다.

과학성적 끌어올리기

속력

주위를 둘러보면 모든 것들이 움직이고 있습니다. 이제부터 우리 주위의 모든 것들을 어떤 질량을 가진 물체라고 생각해 봅시다. 물론 사람도 물체입니다. 무거운 사람은 질량이 큰 물체, 가벼운 사람은 질량이 작은 물체인 셈이죠. 그리고 물체가 움직이는 것을 '운동' 이라고 합니다.

● **시간에 따라 물체의 위치가 변하는 것을 운동이라 한다.**

앞으로 시간을 t(영어 time의 첫 철자)라고 씁니다. 그리고 특별한 언급이 없다면 관측을 시작한 시각을 $t=0$이라고 합니다. 물체가 운동을 하면 위치가 시간에 따라 달라집니다. 이때 물체가 같은 시간 동안 얼마의 거리를 움직이는가를 나타내는 양이 바로 '속력' 입니다.

속력은 다음과 같이 정의할 수 있습니다.

● **속력 = $\dfrac{\text{이동 거리}}{\text{시간}}$**

예를 들어 200m를 25초 달린 사람의 속력은 이동 거리가 200m 이고 걸린 시간이 25초(s)이므로 $\frac{200}{25}=8$(m/s)입니다. 여기서 m/s 는 속력의 단위로, 거리의 단위 m을 시간의 단위 s(초를 나타내는 영어 단어 second의 첫 철자)로 나눈 것입니다.

평균 속력과 순간 속력

어떤 사람이 달리기를 하는 경우를 생각해 봅시다. 사람은 기계 가 아니니까 항상 같은 빠르기로 달릴 수 없습니다. 예를 들어 100m 달리기 선수는 정지해 있다가 출발하니까 처음에는 그리 빠 르지 않지만 점점 가속이 붙어 빨라집니다.

● 일반적으로 물체의 빠르기는 매 순간 달라진다.

매 순간 달라지는 속력을 그 시각에서의 '순간 속력'이라고 부릅 니다. 자동차의 속력계를 보면 바늘이 계속 움직이지요? 그건 매 순간 달라지는 자동차의 속력을 나타냅니다. 즉 속력계가 가리키는 속력은 자동차의 순간 속력입니다.

반면 매 순간 달라지는 물체의 빠르기를 생각하지 않고 전체 이동 거리에 대해 걸린 시간을 측정해 이동 거리를 전체 걸린 시간으로 나눈 것을 물체의 '평균 속력'이라고 합니다. 그러니까 앞 장에서 얘기한 속력은 평균 속력입니다.

● **평균 속력에는 왜 평균이라는 이름이 붙을까?**

에릭 군이 20초 동안 40m를 걸어가고 다음 30초 동안 90m를 갔다고 합시다. 50초 동안 에릭 군의 평균 속력을 다음 두 가지 방법으로 구할 수 있습니다.

① 첫 번째 방법

움직인 거리는 130m이고 걸린 시간은 50초이니까 평균 속력 v는

$$v = \frac{130}{50} = 2.6\text{m/s입니다.} \cdots(1)$$

② 두 번째 방법

20초 동안의 평균 속력과 그 다음 30초 동안의 평균 속력을 따로 구합니다. 20초 동안 40m를 갔으니까 20초 동안 평균 속력 v_1은

$$v_2 = \frac{40}{20} = 2\text{m/s}$$

이고, 다음 30초 동안 90m를 갔으니까 다음 30초 동안 평균 속력 v_2는

$$v_2 = \frac{90}{30} = 3\text{m/s}입니다.$$

평균 속력 $v_1 = 2\text{m/s}$로는 20초 동안, 평균 속력 $v_2 = 3\text{m/s}$로는 30초 동안 달렸으니까 20초 동안 달린 거리는 $v_1 \times 20$이고 다음 30초 동안 달린 거리는 $v_2 \times 30$입니다. 그리고 전체 이동 거리는 $v_1 \times 20 + v_2 \times 30$입니다.

그러므로 전체 50초 동안의 평균 속력 v는 다음과 같습니다.

● $v = \dfrac{v_1 \times 20 + v_2 \times 30}{20 + 30} = 2.6\text{m/s} \cdots (2)$

(2)는 구간별로 달라지는 속력에 대한 평균입니다.

거리-시간 그래프와 평균 속력

에릭 군이 2m/s의 일정한 속력으로 걸어간다고 합시다. 이때 각 시각에 에릭 군이 이동한 거리를 볼까요.

0초: 이동 거리＝0

1초: 이동 거리=2m

2초: 이동 거리=4m

3초: 이동 거리=6m

이제 시간을 가로축으로 이동 거리를 세로축으로 해 그래프를 그려 봅시다.

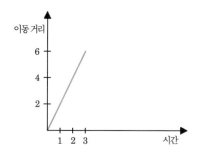

그래프가 직선을 나타내지요? 이것은 에릭 군의 속력이 매 순간 달라지지 않았다는 것을 의미합니다. 이때 에릭 군의 평균 속력은 직선의 기울기입니다.

이번에는 에릭 군과 하니 양이 같은 지점에서 출발해 같은 방향으로 일정한 속력으로 걸어갔습니다. 에릭 군의 평균 속력은 2m/s이고 하니 양의 평균 속력은 3m/s입니다. 4초 동안 두 사람의 이동 거리를 그려 봅시다.

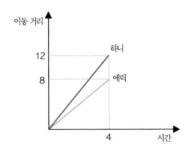

하니 양의 그래프가 더 가파르니까 직선의 기울기가 더 큽니다. 그러므로 하니 양의 평균 속력이 더 큽니다.

● 이동 거리-시간 그래프에서 직선의 기울기가 클수록 평균 속력은 크다.

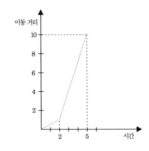

속력이 변하는 경우는 어떻게 될까요? 앞의 그래프를 봅시다.

0초에서 2초 사이에는 거리가 서서히 증가하다가 2초에서 5초 사이에는 거리가 급하게 증가하지요? 물체는 2초 때부터 더욱 빨라집니다. 물체의 평균 속력은 어떻게 될까요? 복잡하게 생각할 필요 없습니다. 물체는 5초 동안 10m를 움직였으므로 $\frac{10}{5}$ =2에서 평균 속력은 2m/s입니다. 다음 그림을 봅시다.

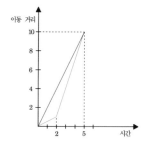

그러니까 평균 속력은 처음과 마지막을 연결한 직선의 기울기입니다.

거리−시간 그래프와 순간 속력
다음 거리-시간 그래프를 봅시다.

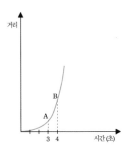

A는 3초일 때 물체의 위치이고, B는 4초일 때의 물체의 위치입니다. 그러니까 3초와 4초 사이의 물체의 평균 속력은 빨간 직선의 기울기입니다.

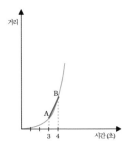

3초와 4초 사이의 평균 속력이 3초 때의 순간 속력일까요? 아닙니다. 3초부터 시간이 아주 조금 흘렀을 때까지의 평균 속력이 3초 때의 순간 속력인데 3초와 4초의 차는 1초이니까 이 시간을 아주 작은 시간이라고 말할 수 없습니다. 그러므로 B가 A에 아주 가까워지고 그때 두 점 A, B를 잇는 직선의 기울기가 바로 3초 때의 순간 속력이라고 할 수 있습니다.

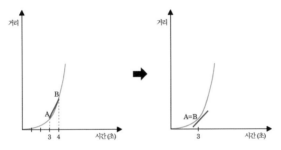

B가 A에 아주 가까이가면 A와 B를 연결하는 직선(빨간 선)이 A에서의 접선이 되는군요. 그러니까 3초 때의 순간 속력은 A에서 곡선에 대한 접선의 기울기입니다.

변위와 속도

지금까지 속력을 정의할 때 방향을 생각하지 않았습니다. 즉 왼쪽으로 3m/s의 속력으로 움직이는 사람이나 오른쪽으로 3m/s의 속력으로 움직이는 사람이나 속력이 같았던 것입니다. 그러므로 두 사람이 서로 다른 운동을 하고 있다는 것을 얘기하려면 빠르기와 더불어 방향을 나타내 줄 수 있는 물리량이 필요한데, 그것이 바로

'속도'입니다.

속도를 정의하려면 먼저 변위에 대한 설명이 필요합니다. 하니 양이 1초 동안 5m를 움직였으면 하니 양의 이동 거리는 5m입니다. 하지만 그녀가 어느 방향으로 5m를 이동했는지는 알 수 없습니다. 이렇게 물체가 움직인 거리만으로는 물체의 이동 방향을 결정할 수 없기 때문에 방향을 고려해 물체의 위치 변화를 구하는 물리량을 정의할 필요가 있는데, 그것이 바로 '변위'입니다. 변위는 다음과 같이 정의됩니다.

● 변위의 크기는 출발점과 도착점을 연결한 직선의 거리이고, 변위의 방향은 출발점에서 도착점을 향하는 방향이다.

예를 들어 하니 양과 에릭 군이 등을 대고 서 있다가 3초 후 각자의 정면(서로 반대 방향)으로 6m를 걸어갔습니다. 두 사람의 변위를 출발점에서 도착점 방향의 화살표로 그려 봅시다.

화살표가 반대 방향을 가리키지요? 이때 화살표의 길이가 바로

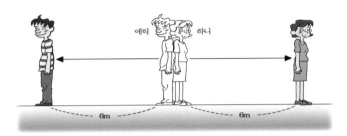

변위의 크기이고, 화살표의 방향이 변위의 방향입니다. 물체가 일직선 운동을 하는 경우는 보통 오른쪽으로 향하는 화살표의 방향을 (+)로 왼쪽으로 향하는 화살표의 방향을 (−)로 택합니다. 따라서 두 사람의 3초 동안의 변위는 다음과 같습니다.

하니의 변위 = +6m

에릭의 변위 = −6m

두 사람이 똑같이 6m를 이동했지만 변위의 부호가 다릅니다. 변위가 (+)라는 것은 하니 양이 처음 위치에서 오른쪽으로 갔다는 것을 의미하고, 변위가 (−)라는 것은 에릭 군이 처음 위치에서 왼쪽으로 갔다는 것을 의미합니다.

이제 두 사람의 속도를 정의해 봅시다. 속력과 마찬가지로 속도에도 평균 속도와 순간 속도가 있는데, 평균 속도는 다음과 같이 정의됩니다.

● 평균 속도= $\dfrac{\text{변위}}{\text{시간}}$

두 사람의 평균 속도v 를 구해 봅시다.

하니: $v = \dfrac{+6m}{3s} = +2m/s$

에릭: $v = \dfrac{-6m}{3s} = -2m/s$

속도의 부호가 다르군요. 여기서 속도의 부호는 이동 방향을 나타냅니다. 오른쪽을 양(+)의 방향으로 택했으니까 양(+)의 속도는 하니 양이 오른쪽으로 움직이는 것을 의미하고, 음(-)의 속도는 에릭 군이 왼쪽으로 움직이는 것을 의미합니다. 그러니까 평균 속도는 물체의 빠르기와 이동 방향을 함께 나타낼 수 있습니다.

물체가 직선을 따라 움직이지 않을 때는 변위를 어떻게 정의할까요? 예를 들어 하니 양이 3초 동안 북쪽으로 3m를 간 후 2초 동안 동쪽으로 4m를 걸어갔다고 합시다. 이때 출발점과 최종 도착점 사이를 연결하는 직선을 그리고 화살표의 방향이 도착점으로 향하도록 하면 다음 그림과 같습니다.

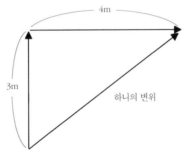

이 화살표가 바로 하니의 5초 동안의 변위입니다. 이 화살표의 길이는 5m이니까 변위의 크기는 5m이고, 변위의 방향은 화살표가 가리키는 방향인 북동쪽입니다. 그러므로 5초 동안 하니의 평균 속도의 크기는 $\frac{5}{5}$=1m/s이고, 방향은 북동쪽입니다.

속도나 변위처럼 크기뿐 아니라 방향도 고려하는 물리량을 '벡터' 라고 하고 화살표로 나타냅니다. 이때 화살표의 방향은 벡터의 방향을 나타내고, 화살표의 길이는 벡터의 크기를 나타냅니다.

이 경우 평균 속력은 어떻게 될까요? 하니는 처음 3m를 갔다가 다시 4m를 갔으니까 총 이동 거리는 7m이고 5초 동안 움직였으니까 평균 속력은 $\frac{7}{5}=1.4$m/s입니다. 그러니까 평균 속력과 평균 속도는 일반적으로 다르다는 것을 알 수 있습니다.

위치-시간 그래프에서의 속도

앞에서 속력을 다룰 때 이동 거리와 시간과의 그래프를 조사했지요? 속력은 방향을 따지지 않고 이동 거리만을 생각하기 때문에 시간에 따른 물체의 이동 거리만 조사하면 됩니다. 하지만 속도의 경우는 다릅니다. 같은 거리를 움직이더라도 방향이 다르면 물체의 속도가 달라지니까 이동 거리보다는 구체적인 물체의 위치를 나타내야 합니다.

다음은 에릭 군이 걸어가는 동안의 위치-시간 그래프입니다.

처음 위치는 원점(0)이고 2초까지는 위치(x)의 값이 증가하다가 2초 이후부터는 위치(x)의 값이 감소합니다. 즉 에릭 군은 2초까지는 오른쪽으로 움직이다가 2초 때 방향을 바꿔 왼쪽으로 움직여 4

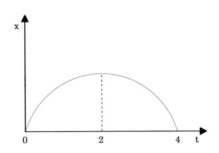

초 때 원점으로 돌아오고 있습니다.

지금까지 위치-시간 그래프를 읽는 방법을 알아보았습니다. 이제 이 그래프에서 순간 속도를 알아봅시다.

순간 속도는 위치-시간 그래프의 각 점에서 접선의 기울기입니다. 2초까지의 몇 개의 점에서 접선을 그려 보죠.

접선의 모양이 모두 비스듬히 위로 올라가므로 접선의 기울기는 (+)입니다. 또 시간에 따라 점점 접선의 기울기가 작아짐을 알 수

있습니다. 그러므로 다음과 같은 결과가 나옵니다.

① 접선의 기울기가 (+)→순간 속도가 (+)→오른쪽으로 가고 있음
② 접선의 기울기가 작아짐→순간 속력이 작아짐→점점 느려짐

에릭 군은 오른쪽으로 움직이면서 점점 느려지고 있습니다. 그러니까 에릭 군은 처음에 어떤 속도로 오른쪽으로 움직이고 있었어야 합니다. 만일 처음에 정지해 있었다면 그보다 더 느려질 수는 없을 테니까요.

이번에는 2초 이후의 운동을 조사해 봅시다. 2초 이후의 몇 개의 점에 대한 접선을 그려 봅시다.

접선의 모양이 모두 비스듬히 아래로 내려가는 방향이므로 접선

의 기울기는 (−)입니다. 또 시간에 따라 점점 접선의 기울기의 절댓값이 커집니다. 절댓값을 왜 따지냐고요? 접선의 기울기는 순간 속도를 나타내고 그 절댓값은 순간 속력을 나타내기 때문입니다. 그러니까 다음과 같은 결과가 나옵니다.

① 접선의 기울기가 (−)→순간 속도가 (−)→왼쪽으로 가고 있음
② 접선의 기울기의 절댓값이 커짐→순간 속력이 커짐→점점 빨라짐

에릭 군은 왼쪽으로 움직이면서 점점 빨라지고 있습니다. 그렇다면 2초인 순간의 속도는 얼마일까요? 2초일 때 접선의 기울기를 조사하면 됩니다. 이때 접선은 다음 그림과 같습니다.

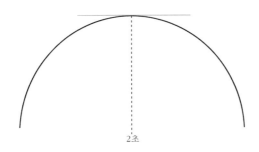

2초

접선이 시간 축에 평행하니까 접선의 기울기는 0입니다. (전혀 기울어지지 않았으므로) 따라서 다음과 같은 결론이 나옵니다.

접선의 기울기 =0→순간 속도=0→정지

2초인 순간에 순간 속도는 0입니다. 순간 속도가 0이 되면 순간적으로 정지 상태가 됩니다. 그러니까 일직선상에서 방향을 바꿀 때는 순간적으로 정지 상태를 경험합니다. 즉 이 시각은 에릭 군이 움직이는 방향이 바뀌는 시각입니다.

상대 속도

차를 타고 가면서 보면 거리의 가로수들이 뒤로 가는 것처럼 보이지요? 하지만 실제로 가로수는 움직이지 않고 제자리에 서 있습니다. 그럼 왜 가로수가 뒤로 가는 것처럼 보일까요? 그것은 관찰자(차에 탄 사람)가 움직이기 때문입니다. 그러니까 차를 타고 움직이는 관찰자가 자신은 안 움직인다고 믿고 싶어하기 때문에 실제로 움직이지 않는 가로수가 뒤로 움직이는 것처럼 보이게 되는 거죠.

이렇게 움직이는 관찰자가 물체를 볼 때 물체의 속도는 다르게 보이는데 이것이 움직이는 관측자에 대한 물체의 '상대 속도'입니다. 가로수의 실제 속도는 정지해 있으므로 0이지만, 움직이는 관측자에 대한 가로수의 상대 속도는 0이 아닙니다.

상대 속도를 정의해 봅시다. 두 대의 자동차가 같은 방향으로 달리고 있다고 해 보죠. 앞차의 속도는 v_A이고 뒤차의 속도는 v_B라고 합시다. 이때 앞차에 대한 뒤차의 상대 속도 v는 다음과 같이 정의됩니다.

$$v = v_B - v_A$$

  이렇게 움직이는 관찰자를 원점으로 택하면 원점이 계속 이동하기 때문에 물체가 실제의 속도로 움직이는 걸로 보이지 않고 관찰자에 대한 상대 속도로 움직이는 것으로 보이게 됩니다. 만일 오른쪽으로 시속 60km/h의 속도로 달리는 자동차에서 역시 오른쪽으로 같은 속도로 달리는 버스를 보면 버스의 자동차에 대한 상대 속도는 60-60 = 0이 되므로 자동차에 탄 사람에게 버스는 정지해 있는 것으로 보이게 됩니다.

제2장

관성에 관한 사건

관성 − 씽씽레이싱대회의 비극

관성의 예 − 조깅할 때는 바닥을 봐라

관성과 표면장력 − 아마추어 과학자의 순간 포착

관성과 질량 − 나이스야구단의 1번 타자

관성력 − 휴지가 안 끊어져요

씽씽레이싱대회의 비극

레이싱 카가 평소만큼 속력을 내지 못한 이유는 무엇일까요?

펑! 펑!

폭죽이 터지며 하늘 높이 오색 풍선에 연결된 플

래카드가 펄럭거렸다.

플래카드에는 굵고 화려하게 이렇게 쓰여 있었다.

'제5회 과학공화국 씽씽시장배 씽씽레이싱대회'

"오늘부터 또 시끌벅적하겠구먼."

"그러게요. 특히 이번 대회에는 전국의 내로라하는 레이싱 선수

들이 모두 출전한다잖아요."

대회장 근처를 지나다니는 사람마다 너도나도 씽씽레이싱대회

이야기로 이야기꽃을 피우고 있었다. 씽씽레이싱대회는 올해로 다섯 번째 열리는 레이싱 대회로 과학공화국 내의 레이싱을 즐기는 선수들이라면 누구든 한 번쯤 출전해 보고 싶어하는 대회다.

대회장 안에는 색종이 가루가 흩날리며 식전 행사가 한창이었다. 관람객은 멋진 자동차들과 예쁜 레이싱 모델들, 그리고 유명한 레이싱 선수들을 구경하느라 여념이 없었다.

올해에는 대회가 시작된 이래로 최대 참가 인원이 경기를 해서 행사를 준비한 주최 측은 정신이 하나도 없었다.

"자, 자! 색종이 가루를 날렸으니, 이제 대형 화면 준비해! 비둘기 상자들은 관객에게 부탁해서 날려 달라고 하는 게 어때?"

행사 연출가 강효과 씨는 어느 때보다 크고 화려한 행사로 만들겠다는 다부진 결심으로 정신없이 뛰어다니며 지시를 했다.

트렉에는 자동차의 정비를 끝낸 레이싱 선수들의 차가 모이기 시작했다. 아직 레이싱이 시작되지 않았지만 레이싱 카의 엔진 소리에 흥분한 관람객이 여기저기서 함성을 지르기도 했다.

대회의 참가자들 중 올해 첫 출전인 서피드 씨는 사람들의 함성 소리에 더욱더 가슴이 두근거리기 시작했다. 서피드 씨는 오래전부터 아마추어 레이서로서 레이싱을 해 왔고 이번 대회를 위해 자신이 직접 자동차를 조립하고 개조해 스스로도 만족하는 최고의 레이싱 카를 만들어 냈다. 하지만 좋은 레이싱 카일수록 작은 환경 변화에라도 극도로 예민해질 수 있기에 그는 신경이 잔뜩 곤두서 있었다.

잠시 후 정비사들과 레이싱 모델들도 모두 퇴장했다.

"잘할 수 있을 거야. 가장 완벽한 상태인 지금이라면 첫 출전이라도 우승까지 노릴 수 있어. 후후."

긴장한 가운데서도 자신의 차를 보며 우승을 자신하는 서피드 씨는 어서 출발 신호가 떨어지기를 부르릉거리는 엔진 소리로 재촉했다.

마침내 출발 대기 신호가 뜨면서 함성 소리가 뚝 끊겼다. 레이싱을 관람하는 관람객도, 경기에 참가하는 레이서도, 심지어는 무대 연출을 한 강효과 씨도 침을 꿀꺽 삼키며 팽팽한 긴장감에 두 눈을 부릅떴다.

삣!

마침내 출발 신호가 떨어졌고, 관객석에서는 수많은 흰 비둘기들이 날아올랐다. 레이싱 카들은 불꽃 같은 속도로 달려 나가기 시작했다.

서피드 씨의 빨간 레이싱 카 역시 트랙에 바퀴 자국을 남기며 쏜살같이 달려 나갔다. 그런데 어쩐 일인지 서피드 씨의 자신만만했던 마음과는 달리 생각보다 레이싱 카가 움직여 주지를 않았다.

'이상하네. 뭔가 문제가 생겼나, 생각보다 속도가 나질 않고 있어.'

점점 뒤처지기 시작한 서피드 씨의 레이싱 카는 계속 속도가 떨어져 커브 길에서는 다른 레이싱 카들보다 완전히 뒤처지고 말았다. 결국 부진한 속도로 서피드 씨는 우승은커녕 겨우 꼴찌를 면했다.

레이싱 카에서 내린 서피드 씨가 화풀이하듯 헬멧을 집어던졌다.

"뭔가 잘못됐어! 완벽하게 준비되어 있었는데, 도대체 뭐가 말썽인 거야?"

서피드 씨는 자동차 보닛을 열어서 꼼꼼히 살펴보았지만 아무 이상도 발견할 수 없었다.

힘없이 일어나던 서피드 씨가 차의 지붕에 묻은 새똥을 발견했다.

"뭐야 이건? 새똥이 떨어졌잖아? 혹시 이것 때문에?"

서피드 씨는 문득 레이싱이 시작되면서 비둘기들이 날았던 것을 기억해 냈다.

"그래! 그거였어!"

서피드 씨는 주최 측에 찾아가서 정식으로 재경기를 요청했다. 하지만 주최 측에서는 비둘기 똥 때문에 경기에 뒤쳐졌다는 건 불가능하다며 서피드 씨의 재경기 요청을 간단히 무시했다.

서피드 씨는 이 사건에 대해 물리법정에 고소했다.

관성이란 물체가 처음의 운동 상태를 계속 유지하려는
성질을 말하며, 질량이 클수록 크게 작용합니다.

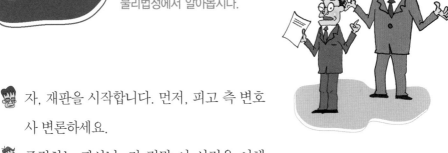

정말 새똥 때문에 레이싱 카가 제 속도를
내지 못했을까요?
물리법정에서 알아봅시다.

자, 재판을 시작합니다. 먼저, 피고 측 변호
사 변론하세요.

존경하는 판사님, 전 정말 이 사건을 이해
할 수 없습니다. 주최 측에서는 어처구니없는 이유로 재경기
를 요청받았을 때 거부할 수 있는 권리가 분명히 있습니다. 그
리고 어느 누가 보더라도 원고의 주장은 억지가 분명합니다.
근데 왜 재판을 하는 거죠? 이건 시간 낭비일 뿐이에요. 차라
리 이럴 시간 있으면 잠이나 한숨 자고 싶네. 후아암.

변호인은 정숙해야 할 법정에서 하품이라니!

죄송합니다. 쩝.

그럼 피고 측 변호인의 말처럼 정말 억지를 부리는 건지 원고
측의 변론을 들어보도록 하죠.

서피드 씨의 자동차는 아주 최상의 상태였습니다. 출발할 때
새똥이 서피드 씨 자동차 위에 떨어졌는데 그것으로 인해 출
발할 때보다 자동차 질량이 커진 것으로 보입니다.

새똥이 자동차를 고장 낸 것도 아니란 말씀이잖아요. 질량이
어쨌다는 건지, 원.

판사님, 물치 변호사는 지금 변론을 방해하고 있습니다.

황당해서 한 말입니다.

물치 변호사, 경고입니다. 피즈 변호사, 계속해 주세요. 질량에 대해 설명이 필요하겠군요.

한무게연구소의 이묵직 씨를 증인으로 요청합니다.

이윽고 쿵쿵거리는 발소리와 함께 어마어마하게 덩치가 큰 남자가 증인석으로 성큼성큼 걸어 들어왔다. 키도 보통 사람보다 족히 20센티미터는 커서 천장에 머리가 닿을 것만 같아서 사람들은 목을 한껏 위로 젖혀야 증인의 얼굴을 볼 수 있었다. 우람한 덩치와 달리 증인의 얼굴은 온화한 인상이었다.

질량이 운동에 어떤 영향을 미치는지 설명 부탁드립니다.

운동에 영향을 미치는 요인들은 많습니다. 그중에서 질량은 운동 상태를 변화시키는 데 영향을 미친다고 말씀드릴 수 있습니다. 레이싱 경기에서는 속력을 내는 것이 관건이므로 질량이 속력을 증가시키고 감소시키는 데 아주 큰 부분을 차지합니다.

질량이 크면 당연히 속력이 작은가요?

속력이 작은 것이 아니라 속력 증가가 적어집니다. 출발할 때 속력이 0이므로 속력을 올려야 하는데 질량이 크면 질량이 작

은 것보다 관성이 커서 속력이 조금씩 올라가게 됩니다. 이러한 경우는 관성의 문제라고 볼 수 있습니다.

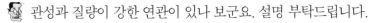 관성과 질량이 강한 연관이 있나 보군요. 설명 부탁드립니다.

관성이란 물체가 처음의 운동 상태를 계속 유지하려는 성질입니다. 관성은 질량에 비례하기 때문에 질량이 클수록 처음의 운동 상태를 계속 유지하려는 성질이 큽니다. 그러므로 관성이 크면 운동 상태를 변화시키기 또한 더 어려운 겁니다. 이를 관성의 법칙이라고 하는데, 물체에 힘이 가해지지 않으면 운동하는 물체는 계속 운동하려 하고 정지해 있는 물체는 계속 정지해 있으려고 하는 것입니다.

레이싱에서 자동차 지붕에 묻어 있는 새똥이 자동차의 질량을 증가시켜 관성을 크게 했다고 볼 수 있군요.

그렇습니다. 자동차의 출발 당시부터 새똥이 지붕에 있었기 때문에 자동차 레이싱 도중 계속해서 관성은 원래 자동차의 관성보다 커진 거죠. 관성이 커졌으니 운동 상태를 유지하려는 성질도 더 고집스러워졌을 테고 서피드 씨가 속력을 올리려 해도 새똥이 없을 때보다 속력 올리기가 쉽지 않아 손해를 보았다고 할 수 있습니다.

설명 감사드립니다. 새똥의 질량이 작다고 하지만 출발할 때부터 레이싱이 진행되는 내내 관성에 영향을 주었기 때문에 서피드 씨의 레이싱에 지장을 준 것이 확실합니다. 주최 측에서는 이 점을 다시 고려해 재시합을 해야 할 것입니다.

 원고 측의 변론을 들어보았는데 합당한 이유가 된다고 받아들여집니다. 올 하반기에 참가자를 다시 한번 모집하도록 하세요. 주최 측에서는 서피드 씨께 참가비를 면제해 주고 자동차 관리비를 지원하도록 하세요. 앞으로 레이싱 시합 전에 비둘기를 날리는 순서는 빼는 것이 현명하겠군요.

 관성과 질량

물체의 관성은 질량과 밀접한 관계가 있다. 뉴턴의 힘의 법칙은 힘은 질량과 가속도의 곱을 나타내는데 여기서 가속도는 속도의 변화를 시간으로 나눈 값이므로 힘이 크면 속도 변화가 크다. 이때 질량은 힘과 속도 변화의 비례 관계에서 비례 상수이므로 질량이 클수록 같은 정도의 속도 변화를 일으키기 위해 필요한 힘이 더 많이 요구된다. 즉 질량이 클수록 속도 변화가 잘 일어나지 않는다.

조깅할 때는 바닥을 봐라

조깅할 때 돌부리에 걸리면 몸이 앞으로 쏠리는 이유는 무엇일까요?

과학공화국 에비뉴시티에 사는 조기순 양은 오늘
도 아침 일찍 공원으로 조깅을 나섰다.

"자, 가자. 또또."

조기순 양은 자신의 애완견 또또와 함께 벌써 3개월째 공원을 왕
복해 달리고 있었다. 이렇게 달리기 시작한 이유는 통통했던 그녀
가 3개월 전 피나는 다이어트로 20킬로그램을 감량해 날씬한 퀸카
로 변신했지만 최근 요요 현상으로 인해 다시 살이 찌기 시작해서
였다.

"어떻게 뺀 살인데, 다시 찌도록 둘 순 없지. 그렇지 또또?"

왈왈.

또또도 동의하듯 짖었다. 물론 조기순 양도 처음에는 아침이라 귀찮고 힘들어 잘 지켜내지 못했지만 3개월이 지난 지금은 꽤 부지런히 공원 전체를 하루에 한 바퀴씩 돌면서 아침을 맞고 있었다.

"아, 이 상쾌한 공기!"

한편, 도시공학자 조도시 씨는 악몽 같은 하루라는 생각으로 출근하고 있었다. 해마다 아름다운 환경과 거리, 편리한 시설을 가진 도시를 선정하는 설문 조사에서 1위를 독차지 하던 에비뉴시티가 하필이면 자신이 도시 미화를 맡고 나서 3위로 추락했기 때문이었다.

시장에게서 크게 질책을 들은 조도시 씨가 고개를 떨어뜨리고 자기 자리에 와 앉았다.

'올해는 어떻게 해서든 '올해의 아름다운 시티 베스트'에서 1위를 해야 하네.'

조도시 씨가 시장의 마지막 말을 떠올리며 입술을 깨물었다.

"아아, 정말 뭘 어떻게 더 해야 하는 거야? 늘 하던 대로 잘해 왔는데. 으이그."

비서가 조도시 씨에게 말을 붙였다.

"시장님께서 또 한 소리 하셨죠?"

"한 소리만 했겠어? 두 소리, 세 소리도 했지!"

비서에게 퉁명스레 대꾸를 하고는 조도시 씨는 책상을 쳤다.

비서가 조도시 씨에게 눈을 흘기며 자기 자리에 앉았다.

"괜히 나한테 화풀이야⋯⋯."

"뭔가 눈에 확 뜨이는 확실한 걸 찾아야 해. 가만 있자⋯⋯ 사람들이 가장 많이 다니는 곳이 어디지?"

조도시 씨는 에비뉴시티의 지도를 펼쳐들고는 이곳저곳을 살펴보았다.

"시내, 그리고 시장, 공원⋯⋯ 그래, 공원이 낫겠군."

한참을 골똘히 생각하던 조도시 씨가 공원 관리자에게 전화를 걸었다.

"전 도시공학자 조도시라고 합니다. 요즘 공원에 불편한 점이나 필요한 시설물은 없습니까?"

공원 관리자가 조도시 씨를 실망시키는 대답을 했다.

"글쎄요, 별로 없는데요. 사람들이 잘 이용하고 있는데요."

"아, 그럼 안 되는데."

"네? 사람들이 잘 이용하고 있으면 안 된다니, 그게 무슨 말인가요?"

"그럼 가장 면적을 많이 차지하는 시설로는 뭐가 있습니까?"

"뭐, 가장 넓은 거야 땅이죠."

"땅?"

"아, 보도블록 말이에요. 보도블록."

순간 조도시 씨의 눈이 반짝거렸다.

"아하, 그거야!"

며칠 뒤, 조기순 양이 아침 조깅에 나섰다. 요 며칠 동안 휴가를 다녀온 터라 그간 빼먹은 것을 보충이라도 하기 위해 일부러 한 시간이나 일찍 나선 것이었다.

"아유, 그 사이에 살이 좀 찐 것 같네. 어서 달려야겠어. 가자, 또또!"

왈!

공원에는 생각보다 많은 사람들이 운동을 하고 있었다.

조기순 양이 조깅을 하다가 문득 한곳에 시선을 두었다.

'어머머, 저런 미남이! 완전 내 이상형이잖아?'

저 멀리서 철봉에 매달려 있는 남자를 보며 조기순 씨는 그만 넋을 잃고 바라보았다.

'저 굵은 팔뚝, 큰 키…… 정말 멋져!'

조기순 양은 평소 다니던 길을 벗어나 자신의 이상형이 운동하는 곳으로 방향을 틀었다. 그러고는 예쁜 표정을 지으며 그 남자의 옆을 지나갔다.

그때 조기순 양이 무언가에 걸려 앞으로 고꾸라졌다.

"엄마야!"

이상형의 남자 앞에서 넘어진 조기순 양은 쥐구멍이라도 있으면 들어가고 싶은 심정이었다. 자세히 보니 며칠 사이에 공원 곳곳의 보도블록이 색을 입힌 자갈로 새로 깔려 있었는데 그 자갈에 걸려 넘어진 것이었다.

"누가 이 따위 보도블록을 깔아 놓은 거야?"

씩씩거리며 일어선 조기순 양의 코에서는 코피가 흐르고 있었다. 그녀는 그 길로 보도블록을 새로 깔도록 지시한 조도시 씨를 물리 법정에 고소했다.

조깅을 하다 돌부리에 걸리면 몸은 운동 상태를 계속
유지하려고 하지만 돌부리가 발목을 잡아 넘어지게 됩니다.

조기순 양이 넘어진 것은 정말 올록볼록한
보도블록 때문이었을까요?
물리법정에서 알아봅시다.

피고 측, 변론하세요.

이 사건은 분명 본인의 과실입니다.

타당한 근거를 들어 주셔야 이해를 하죠.

원고 본인도 밝혔듯이 지나가는 남자를 쳐다보다가 넘어졌
지 않습니까? 달리는 사람이 딴 짓을 하다가 넘어진 것을 가
지고는 땅이니 하늘이니 탓할 문제는 아니라고 봅니다.

원고 측, 변론하세요.

오물리연구소의 관성력 박사를 증인으로 요청합니다.

증인, 앞으로 나오세요.

덩치가 큰 40대 남자가 느릿느릿하게 증인석으로 걸어
들어왔다.

사람이 걷거나 뛸 때 보도블록 상태에 따라 넘어지거나 다칠
수 있습니까?

네, 보도블록이 울퉁불퉁하면 아무리 조심한다고 해도 넘어질
수 있습니다. 어린이의 경우 다칠 확률이 높아지겠죠.

그럼 원고가 조심을 했었어도 다칠 수 있다는 말인가요?

 물론 조심하면 다칠 확률이야 줄어들겠습니다만 그렇게 조심 하면서 조깅이나 산책을 한다면 제대로 했다고 할 수 없을 테 지요. 아무튼 여기에는 관성에 대한 설명이 필요합니다. 조깅 을 하다가 튀어나온 돌부리에 걸리게 되면 몸은 운동하던 방 향으로 계속 나아가려고 하지만 돌부리가 발목을 잡아 넘어지 게 됩니다. 이렇게 운동 상태를 계속 유지하려는 성질을 관성 이라고 하는데요. 조깅할 때 몸의 관성 탓에 넘어질 수 있습니 다. 조깅을 하는 곳에 울퉁불퉁한 보도블록을 까는 것은 좋은 방법이 아닙니다.

 그렇군요. 판사님, 판결 부탁합니다.

 도시 미화도 좋지만 예쁘게만 보이려고 하다가 시민들을 위험 에 노출시킨 셈이군요. 보도블록을 편평하고 안전하게 바꿀 것을 판결합니다. 또한 원고에게 치료비와 창피를 당한 정신 적 피해를 보상해야 할 것입니다.

 조깅

조깅은 천천히 뛰는 것을 말하며 생활 스포츠로서 많은 사람들이 즐기는 종목이다. 처음 조깅은 육 상 경기를 포함한 모든 스포츠 종목의 준비 운동으로 실시되었지만 최근에는 생활 스포츠의 하나로 몸의 건강을 유지할 수 있는 운동이 되었다. 조깅은 너무 빨리 뛰는 것보다 2m/s 정도로 천천히 뛰 는 것이 적당하다고 한다.

아마추어 과학자의 순간 포착

찰나의 시간 동안 터진 물 풍선의 물이 풍선 모양을 유지하는 것은
무슨 까닭에서인가요?

과학공화국의 아마추어 과학자 잠시만 씨는 여자
친구 현미경 양이 방에 들어온 것도 아랑곳하지 않
고 책에 얼굴을 파묻고 있었다.

현미경 양이 불쑥 물었다.

"오늘이 무슨 날인지 알아?"

여전히 눈은 책에다 둔 채 잠시만 씨가 대답했다.

"오늘? 글쎄, 15일이든가 14일이든가……."

"우리가 사귄 지 1,000일 되는 날이야!"

그녀가 버럭 소리를 지르는 바람에 깜짝 놀란 잠시만 씨가 의자

에서 떨어질 뻔했다.

"그……그래? 축하해."

워낙 둔한 성격에 과학 외에는 관심이 없었던 잠시만 씨는 여자 친구의 성냄에도 여전히 사태의 심각성을 눈치 채지 못하고 자리를 고쳐 앉아 책을 들여다보았다.

"축, 하, 해?"

현미경 양이 한 글자 한 글자 또박또박 발음하며 되물었다.

잠시만 씨가 순간 자신의 잘못을 깨달았다. 그래서 우물쭈물하며 책을 덮었다.

"와우, 굉장한 날이구나. 우리 1,000일째 만남을 기념하는 뜻에서 놀이동산에 갈까?"

"놀이동산? 흥."

"우리 놀이동산에는 한 번도 못 가 봤잖아. 이번에 한번 가 보자! 자, 어서!"

잠시만 씨는 허둥거리며 화가 채 풀리지 않은 여자 친구를 끌고 나섰다.

평일인데도 놀이동산은 많은 사람들로 붐비고 있었다. 툴툴거리는 현미경 양을 어르고 달래서 놀이동산에 도착한 잠시만 씨는 입구에서 표를 끊으면서도 보고 있던 물리 책의 내용을 곱씹고 있었다.

잠시만 씨의 머릿속을 들여다보기라도 한 듯 현미경 양이 한마디했다.

"오늘 하루 동안은 과학 생각하지 않고 나하고 보내는 거야, 알았지?"

잠시만 씨가 멋쩍은 웃음을 지으며 현미경 양의 말에 고개를 끄덕였다. 하지만 잠시만 씨는 무엇보다 과학을 좋아했고 잠시도 과학 생각에서 헤어날 수 없었다.

"뭐 해? 어서 여기에 타."

"어? 어, 응."

'안 되겠는데. 과학 생각하느라 정신이 팔려 있으면 미경이가 서운해할 텐데. 오늘만은 그런 티를 내지 않도록 조심해야겠어.'

여기저기 돌아다니며 구경도 하고 사진도 찍으며 즐거운 시간을 보낸 두 사람이 잠깐 벤치에 앉아 쉬기로 했다.

"뭘 좀 먹을까? 음, 내가 아이스크림이라도 사 올게. 기다려."

잠시만 군이 아이스크림을 사러 건너편의 매점으로 달려갔다.

매점 직원이 아이스크림을 퍼 주는 동안 주위를 둘러보던 잠시만 씨가 문득 물 풍선 던지기를 하고 있는 아이들을 보다가 멈칫했다.

"저거야, 저거!"

잠시만 씨는 순간 혼자 했던 각오를 잊고 말았다.

그때였다.

퍽!

잠시만 씨가 뒤통수를 움켜쥐었다.

"아이고 머리야."

현미경 씨가 핸드백으로 잠시만 씨의 머리를 사정없이 후려친 것이었다.

"내가 이러고 있을 줄 알았어. 뭐? 오늘만은 과학 생각을 안 하겠다고?"

현미경 양이 화난 얼굴로 돌아서 가 버렸고, 잠시만 씨는 뒤통수를 만지며 그녀의 뒤를 쫓아갔다.

"잠깐만, 미경아! 그러려고 했던 것은 아닌데, 내가 새로운 발견을 했어! 아이참, 내가 무슨 말을 하는 거지?"

현미경 양의 걸음이 더 빨라졌다.

"뭐냐면, 물 풍선이 터지면서 물의 관성 때문에 풍선이 터지고 나서도 물이 잠시 멈춘다는 걸 발견했어!"

현미경 양이 뒤도 돌아보지 않고 대꾸했다.

"넌 항상 그런 생각들밖에 안 하는 거니? 늘 뭔가를 발견해 과학적으로 설명해 보이지만 결국 어쩌다 우연히 한 번 벌어진 일들로 밝혀지고 말았잖아."

"이번에는 진짜야!"

현미경 양이 이번만은 잠시만 씨의 설명을 들어 줄 수 없다며 서둘러 가 버렸다.

"진짜라는 걸 증명해 보이겠어!"

다음 날, 자신의 발견을 검증받기 위해 잠시만 씨는 자신의 발견을 과학 학회에 전달했다. 하지만 학회에서도 잠시만 씨의 발견을

가지고 트집을 잡았다. 그러다가 결국은 두 파로 갈라져 잠시만 씨
와 같이 물이 멈추어 있다는 쪽과 그렇지 않다는 쪽으로 나뉘어 언
쟁이 오갔다.

　결국 잠시만 씨는 물리법정에 의뢰하기로 했다.

물 풍선이 터지는 순간, 풍선 속 물이 처음의 상태를
유지하려는 성질인 관성과 물 표면을 작게 하려는
표면장력으로 인해 풍선 모양을 잠시 유지하게 됩니다.

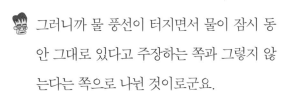

물 풍선이 터져도 물은 잠시 동안
그대로 머물러 있는 게 사실일까요?
물리법정에서 알아봅시다.

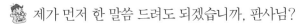

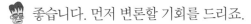

그러니까 물 풍선이 터지면서 물이 잠시 동
안 그대로 있다고 주장하는 쪽과 그렇지 않
는다는 쪽으로 나뉜 것이로군요.

제가 먼저 한 말씀 드려도 되겠습니까, 판사님?

좋습니다. 먼저 변론할 기회를 드리죠.

그때 물치 변호사가 갑자기 판사에게 물 풍선을 던졌다. 판사님
은 미처 피하지 못해 그대로 물 풍선의 물을 뒤집어썼다.

이게 뭐하는 짓입니까!

보셨죠? 풍선이 터지면서 물이 움직이지 않는데, 그사이 판사
님은 어째서 피하지 못하셨죠?

그걸 말로 하면 되지 왜 나한테 직접 던지느냔 말이요.

직접 해 보는 게 더 재미있잖아요. 히히.

물치 변호사의 의견에 이의를 제기합니다.

변론하세요. 단, 직접 실험은 허락하지 않습니다.

피즈 변호사가 대형 스크린을 가지고 들어와 켰다.

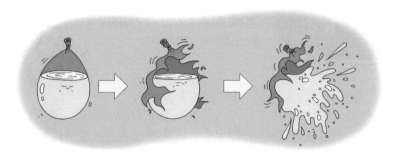

이건 물 풍선이 터지는 순간을 초고속 카메라로 촬영한 것입
니다.

아니, 저 모습은!

그렇습니다. 분명히 찰나의 시간이긴 하지만 물 풍선 모양으
로 공중에 떠 있는 것을 볼 수 있습니다. 이는 물 풍선이 터지
는 순간 풍선 속의 물이 본래의 상태를 유지하려는 성질을 가
지고 있어 잠시 동안 풍선 모양을 유지하는 모습입니다. 또한
물은 표면을 작게 하려는 성질인 표면장력을 가지는데, 표면
장력으로 인해 모양 유지에 도움이 되는 것이지요. 지구에서
는 잠시 동안 형태 유지를 하고 중력의 힘에 의해 산산이 부서
져 버리지만 우주 공간 속에서는 중력이 없기 때문에 풍선이
터져도 물은 풍선 모양을 유지할 것입니다. 이것이 바로 잠시
만 씨의 주장이 옳다는 증거입니다.

자료 화면을 통해 잘 보았습니다. 잠시만 씨의 주장이 옳습니
다. 물 풍선이 터져도 풍선 속의 물은 관성에 의해 일시적으로

물 풍선 모양을 유지합니다. 잠시만 씨의 주장을 논문으로 발표할 것을 권합니다. 앞으로도 주변의 현상에 관심을 가지고 관찰해서 과학의 업적에 일조하는 사람이 되었으면 좋겠군요.

 초고속 카메라

아주 짧은 시간의 운동을 관측할 수 있는 장비로, 1초에 1,000장 이상의 사진을 찍을 수 있다. 예를 들어 야구공이 배트에 맞아 타원 모양으로 일그러지는 것은 야구공이 배트에 붙어 있는 1,000분의 2초 동안인데 보통의 카메라는 1초에 20장 정도만을 찍을 수 있으므로 이런 장면을 찍을 수 없지만 초고속 카메라로는 촬영이 가능하다.

나이스야구단의 1번 타자

뚱뚱한 사람이 잘 뛰지 못하는 것과 관성 사이에 어떤 관련이 있을까요?

프로야구 개막 시즌이 되자 과학공화국 내의 최고 인기 연예인 나미녀 씨의 시구를 시작으로 각 구장마다 경기 개막을 알리는 화려한 축포가 터졌다. 매 경기마다 각 도시 소속의 야구단들이 엎치락뒤치락하며 실력을 겨루었다. 야구팬들은 매 경기마다 구장을 가득 채우며 경기에 열광했고 몇몇 젊고 잘생긴 야구 선수들은 팬클럽까지 거느리고 연예인 못지않은 인기를 누렸다.

그렇게 장장 6개월 동안 야구로 떠들썩하던 과학공화국의 야구 시즌이 슬슬 끝나가고 있었다. 올해의 우승팀은 이먹성 씨가 1번 타자로 있는 나이스야구단이었다.

나이스야구단 소속 이먹성 씨는 운동선수치고 예쁘장한 얼굴에 호리호리한 몸이라 유독 여학생 팬들이 많았다.

"꺅! 이먹성 오빠다!"

"어디?"

"저기, 저기!"

이먹성이 동네 슈퍼라도 나갈라 치면 여학생들의 고함 소리에 동네가 시끌벅적해졌다. 처음에는 자신도 인기인이라는 사실에 어깨를 으쓱했던 이먹성 씨도 시즌이 끝날 때쯤에는 조금 지쳐 가고 있었다.

모처럼 받은 휴가를 팬들을 피해 집에만 있었던 이먹성 씨가 갑갑해서 견딜 수 없다는 듯이 말했다.

"아유, 휴가도 다 끝나 가는데 저런 광팬들 때문에 제대로 놀지도 못하고 이게 뭐야."

이먹성의 절친한 친구이자 같은 야구단 소속인 고동탁이 놀리듯 한마디 했다.

"그게 다 잘생긴 네 인물 덕이지, 뭐."

"놀리지 마. 저런 여자들은 내 야구를 보러 오는 게 아니라 얼굴만 보고 좋아하는 머리가 텅텅 빈 아이들이라고."

"야, 그래도 너 좋다고 저렇게 따라다니는데 너무 심한 것 아냐?"

"심한 건 저 사람들이지. 이거 어디 팬들 무서워서 외출도 한번

할 수가 없으니……."

이먹성 씨의 말은 틀리지 않았다. 그가 시내에라도 한번 나가려고 하면 팬들이 달라붙어 밥도 먹지 못할 정도였고, 놀이동산에 놀러갔다가 팬들에게 둘러싸여 경찰의 보호를 받은 적도 있었다. 그래서 그는 이번 겨울 휴가에 좋아하던 스키 한번 타 보지 못하고 말았던 것이다.

텅 빈 냉장고를 열어 보며 이먹성 씨가 한숨을 내쉬었다.

"장보러 가면 아주머니들이 하도 달려들어서 집에 먹을 것도 하나 없다니깐."

고동탁 씨가 중국집 전화번호를 찾으며 물었다.

"그럼 배달 음식으로 먹지 뭐. 난 짜장, 넌?"

"난 짬뽕."

그렇게 이먹성 씨의 겨울이 지나가고 있었다.

다음 시즌을 위한 준비가 시작되었다.

이먹성 씨는 겨우내 외출을 거의 하지 못한 채 집에만 있어서 그런지 몸이 조금 무거워 진 것 같았다.

"어휴, 그동안 집에서 먹기만 해서 그런지 몸이 예전 같지 않네."

때마침 오랜만에 고동탁 선수가 이먹성 씨의 집에 놀러 왔다. 그런데 그는 이먹성 씨의 얼굴을 보더니 말문이 막힌다는 듯한 표정을 지었다.

"너……."

"왜 그래? 너무 오랜만이라 친구 얼굴도 잊어버린 거야?"

이먹성 씨는 의아하다는 듯이 고동탁 씨를 쳐다보았다.

"너…… 왜 그렇게 불었어?"

"나? 무슨 말이야. 내 몸 어디가 불었단 말이야?"

그동안 집에서도 야구 연습만은 열심히 했던 이먹성 씨였다. 그렇기에 스스로는 살이 쪘다는 생각을 하지 않았다. 그러나 오랜만에 보는 고동탁 씨는 이먹성 씨의 모습에 거듭 벌어지는 입을 다물지 못하는 눈치였다.

"턱은 두 겹이고 볼 살은 늘어지고…… 너, 몸무게는 재어 봤어?"

이먹성 씨가 별 생각 없이 체중계에 올라섰다.

"허억!"

그의 몸무게는 무려 10킬로그램이나 늘어 있었다. 그동안 집에 갇혀 있다시피 하면서 매일 먹는 것으로 스트레스를 푼 결과였다.

"이러다가는 다음 시즌에 사람들이 널 못 알아볼지도 모르겠다."

고동탁 씨의 우스갯소리도 이먹성 씨에겐 청천벽력으로 들렸다.

사태의 심각성을 깨달은 이먹성 씨는 야구장에 다니며 연습에 더욱 몰두했다. 하지만 무슨 까닭인지 실력은 늘어도 살은 빠지지 않는 것 같았다.

"이상하다. 매일 운동을 하고 있는데도 왜 살이 안 빠질까?"

그런 그에게 고동탁 씨가 한마디 했다.

"그 이유를 정말 모르는 거야? 네 손에 무엇이 쥐어져 있는지를 좀 봐. 왼손과 오른손에 방망이 하나씩을 쥐고 있는 것 같다고."

이먹성 씨의 손에는 커다란 핫도그가 쥐어져 있었다.

"운동하고 나면 배가 고파서 먹어 줘야 하거든. 히히."

이먹성 씨가 싱겁게 웃으며 핫도그를 한입 베어 먹었다.

그때 연습장 안으로 나이스야구단의 감독인 허동구 씨가 들어섰다.

이먹성 씨와 고동탁 씨가 감독의 등장에 잔뜩 긴장한 채 허리 숙여 인사를 했다.

"안녕하십니까, 감독님?"

감독이 이먹성 씨를 바라보며 말했다.

"자네, 몸이 많이 불었는걸."

이먹성 씨가 속으로 뜨끔했다.

"네, 조금……."

"우리 야구단은 프로 구단일세. 둔하기만 한 뚱뚱한 선수는 필요 없다는 뜻이지. 자네는 내일부터 연습 안 나와도 되겠네."

"네?"

"무슨 뜻인지 모른단 말이야?"

"하지만 팀에 도움이 되고자 그동안 열심히 연습을 했습니다."

"아, 연습이고 뭐고 그리 뚱뚱해서야 1번 타자로서의 가능성이 있겠어?"

이먹성 씨가 감독에게 자기의 진심을 알아 달라는 듯이 말했다.

"말도 안 됩니다. 저도 뛸 수 있게 해 주십시오!"

"글쎄, 가 보라니까."

감독은 차갑게 거절하더니 돌아서 가 버렸다.

이먹성 씨는 얼굴이 붉으락푸르락해져서는 곧장 어디론가 향했다. 그리고 다음 날, 야구단에 한 장의 고소장이 날아들었다.

질량이 큰 선수의 경우 관성이 커지기 때문에 순간적인
출발이 필요한 도루를 하기 어렵습니다.

살이 찐 이먹성 씨는 더 이상 1번 타자로
뛸 수 없을까요?
물리법정에서 알아봅시다.

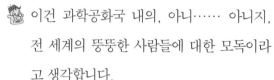

 원고 측 변론하세요.

 이건 과학공화국 내의, 아니…… 아니지,
전 세계의 뚱뚱한 사람들에 대한 모독이라
고 생각합니다.

변호인, 그건 피해 의식 때문에 나온 말 같습니다.

아닙니다. 무조건 뚱뚱하다는 이유로 원고를 해고한 것, 즉 야
구 선수로 뛸 수 없게 하는 건 엄연한 고용법 위반입니다. 그
리고 모든 인간은 평등하다고 헌법에도 나와 있지 않습니까?
게다가 원고 이먹성 씨의 문제는 팬인 저에게도 두고 볼 수 없
는 일입니다. 이먹성 씨에게 야구를 할 수 있는 권리가 있다고
주장합니다!

결국 하고 싶은 말은 본인이 이먹성 선수의 팬이라 이거군요.

히힛, 들켜 버렸네요.

으휴…… 피고 측, 변론하세요.

질량연구소의 초중량 박사를 증인으로 요청합니다.

좋습니다. 증인 들어오세요.

양팔 저울을 한 손에 든 젊은 남성이 등장했다. 그는 양팔 저울을 수평으로 유지하기 위해 마치 슬로 모션처럼 천천히 움직이며 증인석에 앉았다. 사람들은 그의 우스꽝스러운 행동에 소리를 죽여 웃었다. 물치 변호사 역시 웃음을 참다가 터뜨리고 말았다. 그러다가 피즈 변호사가 자신을 째려보자 얼른 딴청을 피웠다.

- 박사님, 양팔 저울의 수평을 잡기가 힘들어 보이는데 잠깐 내려놓으시는 게 어떨까요?

- 아…… 네, 저는 괜찮습니다만 보기에 불편하신가 보군요. 그럼 잠깐 내려놓겠습니다. 허허.

- 변론을 시작하겠습니다. 원고의 비만이 야구 선수로서 자질 미달이라고 판단한 감독님의 결정이 합당하다고 볼 수 있습니까?

- 비만이 모든 운동선수의 실격 이유가 된다고 말할 수 없습니다. 하지만 야구 선수의 경우 안타나 홈런을 치는 것만큼이나 1번 타자의 경우 스피드가 필요합니다. 제대로 달려 상대방의 수비를 혼란시키는 게 주임무란 거죠. 그렇다면 비만은 스피드를 내는 데 가장 큰 악조건이라고 할 만하지요. 대개 사람들은 뚱뚱보는 잘 달리지 못할 거라고 여기는데 그것은 타당한 근거가 있습니다. 질량이 큰 선수의 경우 관성은 질량에 비례하므로 관성이 커집니다. 그럼 운동 상태를 유지하려는 성질이 강해지겠죠. 당연히 운동 상태를 변화시키기가 힘들어 속

력을 높이기가 여간 쉽지 않을 겁니다. 그러면 빠른 도루는 불
가능해지겠지요. 비만은 도루를 주로 해야 하는 1번 타자에게
는 자질 미달의 이유가 될 수 있습니다.

 그렇군요. 판사님, 판결 부탁합니다.

 비만은 건강만 해치는 것이 아니라 선수 생활에도 치명타를
안겨 주는군요. 야구 선수로서 좀더 정확히 말하면 1번 타자
로서 자기 관리에 무책임했던 원고는 피고의 결정을 받아들여
야 할 것입니다.

  재판이 끝난 후 이먹성 씨는 야구 선수로서 자기 관리에 철저하
지 못한 점을 스스로 인정해 많은 노력을 통해 다이어트에 성공했
다. 다음 시즌에 등장한 이먹성 씨는 날렵한 몸매에서 뿜어 나오는
폭발적인 스피드로 그해 도루왕을 차지했다.

 질량과 관성

질량과 관성의 관계를 간단하게 알아보는 실험이 있다. 탁구공과 당구공 사이에 용수철을 붙이고 그
용수철을 압축했다가 놓으면 당구공은 제자리에 있고 탁구공만 왔다 갔다 하면서 움직인다. 이것은
가벼운 탁구공의 관성이 무거운 당구공의 관성보다 작기 때문이다.

휴지가 안 끊어져요

휴지가 많이 감겨 있는 두루마리 화장지가 적게 감겨 있는
두루마리 화장지보다 잘 끊기는 이유는 무엇일까요?

덜렁이는 며칠 전 친구들과 농구를 하던 중에 오
른쪽 팔이 부러져 깁스를 하게 되었는데 그게 여간
불편하지 않았다. 세수도 제대로 할 수 없어서 얼굴
은 꾀죄죄했고, 밥을 먹을 때에도 안 쓰던 왼손으로 먹느라 한 시간
은 족히 걸렸다.

덜렁이의 모습을 지켜보던 엄마가 한심하다는 듯 말했다.

"그러게, 조심 좀 하지 그랬니? 아주 거지가 따로 없네……."

덜렁이는 의자에서 일어나 엄마가 챙겨 준 물수건으로 얼굴을 닦
았다. 그리고 왼손에는 농구공을 들고 친구들을 만나기 위해 집을

나섰다.

주방에 있던 엄마가 그런 덜렁이를 보고 부리나케 달려 나왔다.

"그 꼴을 해서는 어디를 또 나가는 거야? 어라, 그 공은 또 왜 들고 있니? 어서 들어가지 못해!"

덜렁이는 엄마의 손을 잽싸게 뿌리쳤다. 그러고는 친구들이 기다리고 있는 체육관으로 바삐 달렸다.

체육관에는 친구들이 이미 와서 준비 운동을 하고 있었다.

"어, 덜렁아! 공은 가져왔어?"

"짜잔. 내가 누구냐? 당연히 가져왔지!"

"넌 팔이 다쳤으니까 오늘은 그냥 저기 저 벤치에 앉아서 구경이나 해!"

덜렁이는 벤치에 앉아 친구들을 지켜보았다. 그런데 배에서 꾸르륵 하는 소리가 났다.

'어? 왜 이러지? 아, 배야……'

덜렁이는 벌떡 일어나 근처의 건물을 두리번거리며 화장실을 찾았다. 그리고 변기에 앉아 안도의 한숨을 쉬었다.

"휴우, 다행이다. 하마터면 바지에다 큰일을 낼 뻔했네. 어라? 혹시, 휴지가 없는 건 아니겠지?"

사방을 둘러보아도 휴지는 보이지 않자 당황한 덜렁이가 큰 소리로 외쳤다.

"밖에 아무도 없어요? 여보세요! 저기요!"

밖에서는 아무런 소리도 나지 않았다. 덜렁이는 이런저런 고민에 빠졌다.

'그냥 바지를 입고 갈까? 양말을…… 으악! 어떡하지?'

순간 덜렁이를 부르는 아주머니의 목소리가 들렸다.

"이봐요, 안에 누구 있어요?"

덜렁이가 안도의 숨을 쉬면서 대답했다.

"네, 아줌마! 죄송한데 휴지 좀 주세요! 급하게 오느라 휴지를 준비하지 못했는데, 여기에 휴지가 없어서……."

아주머니의 웃음소리가 들리는 듯했지만 덜렁이는 아주머니가 아니었으면 어떡할 뻔했을까 하고 생각하며 신경 쓰지 않았다.

"자, 위로 던질 테니까 잘 받아요! 하나, 둘, 셋!"

덜렁이가 일을 끝내고 아주머니가 준 휴지를 잡았다. 오른손은 깁스를 한 탓에 왼쪽 손만을 써서 휴지를 잡아당겼는데, 아니 그런데 이게 웬일! 휴지가 끊어지지 않았다.

"이런, 휴지가 없어 당혹스럽더니 이젠 있어도 쓰질 못하게 되었으니…… 이를 어쩌지? 입으로 끊을 수도 없고……."

결국 덜렁이는 휴지가 끊길 수 있을 만큼 둘둘 말았다. 그러다 보니 한 통을 거의 다 써 버리고 말았다. 아주머니에게 뭐라고 말해야 할지 난감했지만 오른팔을 깁스한 것을 보면 이해해 주리라 생각했다.

화장실에서 나온 덜렁이가 아주머니의 모습을 찾다가 세면대의 물을 틀고 있을 때 화장지를 준 아주머니가 나타났다. 화장실을 청소하는 분이었다.

"아주머니 덕분에 살았습니다!"

그런데 아주머니는 덜렁이의 인사는 받는 둥 마는 둥이었다.

"아니, 이게 뭐야 학생?"

아주머니가 거의 다 써 버린 두루마리 화장지를 덜렁이의 코앞에 들이댔다.

"학생, 아까 내가 새 휴지를 줬는데…… 학생이 한 통 다 쓴 거니까 휴지 한 통 값 물어내!"

"말도 안 돼요. 제가 일부러 막 쓴 것도 아니란 말이에요. 보시다시피 오른쪽 팔에 깁스를 해서 왼쪽 손으로만 휴지를 당겼더니 휴지가 끊어지지 않았다고요! 어쩔 수 없던 일이었어요. 고의도 아니고, 물어낼 수 없어요."

"뭐라고? 참나, 그게 말이 돼? 한 손이 아파서 화장지 하나를 다 썼다니, 농담하는 거야? 그럼 누구는 두 손으로 닦나? 어서 화장지 하나 값을 물어내라고."

덜렁이가 답답하다는 듯 깁스한 오른팔을 내밀며 사정했다.

"오른손에 깁스를 해서 휴지를 끊기가 어려웠다니까요. 좀 보세요."

하지만 아주머니는 덜렁이의 말은 듣지 않는 것 같았다.

"학생! 이러면 안 되지. '잘못했습니다, 다시는 안 그러겠습니다' 하고 사과를 해야 하는 게 아냐?"

결국 덜렁이는 아주머니에게 사과를 하고 휴지 값 500달란을 주었다. 그리고 친구들이 있는 체육관으로 돌아왔다.

체육관에는 친구들이 휴식을 취하고 있었다.

표정이 어두운 덜렁이를 보고 똑순이가 말했다.

"덜렁아, 너 무슨 일 있었어? 표정이 영 안 좋은데?"

"아냐."

"어라? 진짜로 무슨 일이 있었나 본대? 어서 말해 봐."

"사실은…… 아까 화장실이 급해서 찾아갔는데, 일을 보고 나니 화장지가 없는 거야. 다행히도 화장실 청소하는 아주머니가 계셔서 화장지를 얻을 수 있었어. 그런데 내가 오른팔에 깁스를 했잖아. 화장지를 잘 끊을 수가 없는 거야. 그러다 보니 휴지 한 통을 거의 다 쓴 꼴이 되었거든…… 청소하는 아주머니한테 대개 미안하더라. 그런데 그 아주머니가 화장지 하나를 다 썼으니까 돈을 내라고 하는 거야."

"그래서 정말 돈을 줬어?"

덜렁이는 대답 대신 고개를 끄덕거렸다.

"일부러 그런 것도 아닌데…… 너무 억울해!"

덜렁이의 친구들은 화장실을 청소하는 아주머니께 자초지종을 다시 한번 따져 보아야 한다며 화장실로 향했다.

똑순이가 먼저 아주머니에게 다가가 말했다.

"아주머니, 제 친구 사정도 봐주셔야지요. 그렇다고 돈을 받으시다니요? 제 친구 돈 돌려주세요!"

아주머니가 어린 학생의 따지는 듯한 말에 어이가 없다는 듯 대꾸했다.

"돈? 아, 그 휴지 값? 벌써 휴지를 사다 놓느라고 썼는데?"

"제 친구가 팔이 다쳐서 어쩔 수 없이 그런 걸 가지고 휴지 값을 내게 하다니, 말도 안 돼요! 일부러 그런 것도 아니잖아요!"

"일부러 그런 것이든 아니든 네 친구 때문에 다음 사람들이 휴지를 쓸 수 없게 되었잖니? 그러니까 당연히 화장지 값을 물어내든지 하나 사다 놔야지, 안 그래?"

"아무튼 너무해요. 덜렁이가 오른팔을 다치지만 않았어도 절대 그러지 않았을 거라고요!"

아주머니가 아이들의 그런 말들이 귀찮다는 듯 자리를 빠져나가려고 했다. 그러자 똑순이가 나서며 말했다.

"아무 잘못 없는 제 친구에게 돈을 뺏다시피 한 아주머니를 물리법정에 고소하겠어요!"

정지한 화장지를 빠른 속도로 순간적으로 잡아당기면
관성 때문에 화장지의 몸통은 정지해 있고
풀린 화장지만 당겨져 쉽게 끊을 수 있습니다.

기는 물리법정

덜렁이가 한 손으로 휴지를 끊기 힘든
이유는 무엇일까요?
물리법정에서 알아봅시다.

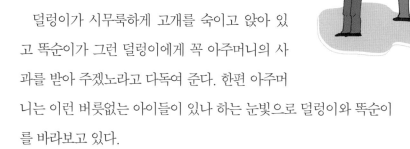

덜렁이가 시무룩하게 고개를 숙이고 앉아 있
고 똑순이가 그런 덜렁이에게 꼭 아주머니의 사
과를 받아 주겠노라고 다독여 준다. 한편 아주머
니는 이런 버릇없는 아이들이 있나 하는 눈빛으로 덜렁이와 똑순이
를 바라보고 있다.

재판을 시작하겠습니다. 피고 측, 변론하세요.

아주머니가 얼마나 바쁜데, 이런 버릇없는 아이들한테까지 시
간을 써야 합니까? 아주머니의 말대로 잘못을 했으면 사과를
하는 게 당연한 것 아닙니까?

피고 측 변호사의 말이 심한 것 같습니다. 누가 사과해야 하는
지는 판결이 나면 다시 얘기합시다.

어쨌든 화장지 하나를 다 쓰다니…… 여러 사람이 함께 사용
하는 화장실의 화장지여서 자기 것이 아니라는 생각에 그런
행동을 한 겁니다. 화장지를 제대로 끊지 못할 정도로 왼손에
힘이 들어가지 않을 수 있다니요?

힘이 없어서 화장지를 못 끊은 게 아닙니다.

그럼 다른 이유가 있단 말입니까?

 네, 있고말고요. 관성 역학을 연구하시는 안끄녀 박사님을 모시고 화장지가 끊어지는 원리에 대해 알아보겠습니다.

 증인, 자리에 앉아 주세요.

40대 중반으로 보이는 한 남자가 크기에서 확실히 차이 나 보이는 두루마리 화장지 두 개를 양손에 들고 증인석에 앉는다.

 두루마리 화장지가 잘 안 끊어진 이유가 힘이 없어서 그런 건 아닙니까?

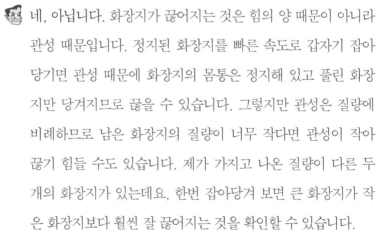 네, 아닙니다. 화장지가 끊어지는 것은 힘의 양 때문이 아니라 관성 때문입니다. 정지된 화장지를 빠른 속도로 갑자기 잡아당기면 관성 때문에 화장지의 몸통은 정지해 있고 풀린 화장지만 당겨지므로 끊을 수 있습니다. 그렇지만 관성은 질량에 비례하므로 남은 화장지의 질량이 너무 작다면 관성이 작아 끊기 힘들 수도 있습니다. 제가 가지고 나온 질량이 다른 두 개의 화장지가 있는데요, 한번 잡아당겨 보면 큰 화장지가 작은 화장지보다 훨씬 잘 끊어지는 것을 확인할 수 있습니다.

 관성이 문제였군요. 그럼 관성을 이용하면 끊을 수도 있었겠네요.

상황 설명을 들어 보니 덜렁이 학생은 오른손잡이인데 오른손을 다쳐 깁스를 하고 있더군요. 그럼 왼손으로 모든 일을 처리해야 하는데 오른손잡이가 왼손으로 화장지를 끊는다는 건 정말 힘든 일일 것입니다.

덜렁이 학생은 왼손으로 화장지를 끊어야 하는 데다가 풀면 풀수록 화장지 몸통의 질량이 줄어드니까 관성 또한 작아져서 끊기가 더욱 힘들어졌겠네요. 어쩔 수 없이 화장지 하나를 다 쓸 수밖에 없었다고 볼 수 있겠군요. 한쪽 팔을 다쳐서 화장지를 끊을 수 없었던 덜렁이의 맘고생을 이것으로 조금이나마 덜어 줄 수 있을 것 같습니다. 아주머니의 사과를 요구하는 바입니다.

아주머니는 그동안 마음고생을 한 덜렁이에게 사과하고 정신적 손해 배상을 해야 합니다. 이제 관성에 대해 알았으니 아주머니는 한쪽 팔이 다친 학생들을 위해 화장지 사용에 불편함이 없도록 적당한 양을 화장실 한쪽 사물함에 배치하도록 하십시오.

 관성과 속도

관성은 물체의 운동 상태가 변할 때 물체가 이를 거부하는 성질이다. 그러므로 운동 상태의 변화가 빠르면 관성의 효과가 커지지만 변화가 느리면 관성의 효과도 작다. 예를 들어 종이컵 위에 종이 한 장을 놓고 그 위에 동전을 얹은 후 종이를 빠르게 잡아당기면 동전의 관성 때문에 동전이 컵 안으로 떨어지지만, 천천히 잡아당기면 관성 효과가 줄어들어 동전은 종이와 함께 움직이게 된다.

관성

버스를 타고 가다가 운전사가 급브레이크를 걸면 승객들의 몸은 앞으로 쏠립니다. 왜 이런 현상이 생길까요? 바로 관성이라는 성질 때문인데, 이제부터 관성에 대하여 알아봅시다.

당구공을 큐로 치면 당구공이 힘을 받아 움직입니다. 그런데 이 때 큐와 공의 사이가 벌어져 더 이상 큐의 힘이 공에 작용하지 않는데도 당구공이 계속 굴러갑니다. 왜 그럴까요? 이것도 바로 관성 때문입니다. 관성은 다음과 같이 정의됩니다.

● 물체에 외부에서 힘이 작용하지 않으면 물체는 처음 운동 상태를 그대로 유지하려는 성질이 있는데 그것을 물체의 '관성'이라고 부른다.

즉 정지해 있던 물체에 외부에서 힘이 작용하지 않으면 그 물체는 정지 상태를 그대로 유지합니다. 또 2m/s로 움직이는 물체에 외부에서 힘이 작용하지 않으면 물체는 2m/s로 같은 방향으로 계속 움직입니다. 한마디로 얘기하면 관성이란 물체가 과거 상태를 유지하려고 고집 피우는 성질입니다. 이런 고집을 꺾으려면 물체에 힘을 작용하면 됩니다.

물체의 관성은 이탈리아의 물리학자 갈릴레이가 처음 알아냈습니다. 그는 마찰이 없는 빗면을 따라 내려온 공은 반대편 빗변을 따라 처음 높이까지 올라갈 것이라고 생각했습니다(실제 여러분이 실험해 보면 조금 낮은 위치까지 올라갈 것입니다. 마찰이 있기 때문에 생긴 현상입니다. 하지만 마찰이 없는 빗면이라면 같은 높이까지 올라갈 것입니다).

갈릴레이는 반대쪽 빗변을 점점 더 완만하게 했습니다. 그랬더니 공이 같은 높이를 올라가기 위해 더 긴 거리를 움직여야 했습니다.

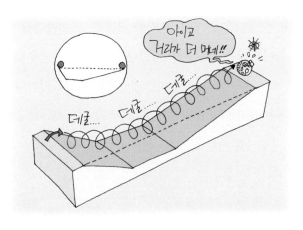

갑자기 갈릴레이의 머릿속에 놀라운 생각이 떠올랐지요. 반대쪽 빗변을 완전히 평평하게 하면 어떻게 될까? 공은 역시 같은 높이까지 올라가려고 계속 움직일 것입니다. 그런데 처음과 같은 높이가 안 나타나니까 공은 끝없이 움직일 것입니다. 그래서 갈릴레이는 외부의 힘이 없을 때 움직이고 있는 물체는 계속 운동을 한다고 믿게 되었는데, 이것이 바로 물체의 관성입니다.

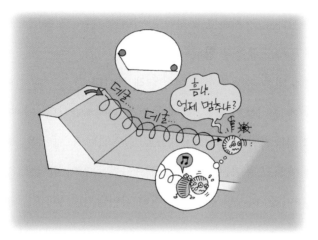

훗날 뉴턴이 갈릴레이의 관성에 대한 이론을 물체의 첫 번째 운동 법칙으로 삼았는데, 이것이 바로 '관성의 법칙' 입니다.

● **관성의 법칙: 물체에 작용하는 합력이 0이면 물체의 속도는 처음과 달라지지 않는다.**

여기서 합력을 사용한 까닭은 물체에 두 힘이 작용할 때는 두 힘의 합력이 물체에 작용하는 전체 힘이기 때문입니다. 그러니까 운동 제1법칙에 따르면 물체에 작용하는 합력이 0일 때 정지해 있던 물체는 그대로 정지하고 움직이고 있던 물체는 그 속도로 계속 움직이는 등속도 운동을 합니다.

관성에 대한 가장 간단한 실험을 해 봅시다.

컵 위에 종이를 놓고 그 위에 동전을 올려놓습니다. 이제 종이를 세게 잡아당기면 동전이 컵 속으로 떨어집니다. 동전은 제자리에 있고 싶어하고 종이는 사라져 버렸으니까 동전이 바닥으로 떨어지게 된 것이죠. 하지만 종이를 천천히 잡아당기면 동전이 종이와 함께 움직일 것입니다.

왜 그럴까요? 관성은 운동 상태가 변하는 것을 싫어하는 성질이니까 외부에서 운동 상태를 크게 변화시키려고 하면 물체의 관성의 효과가 크지만 외부에서 운동 상태를 작게 변화시키려고 하면 물체의 관성의 효과 또한 작아져서입니다.

우리 주위에서 볼 수 있는 관성의 예로는 어떤 것이 있을까요? 먼저 정지해 있던 물체가 그대로 정지해 있으려고 하는 관성의 예는 다음과 같습니다.

과학성적 끌어올리기

① 옷의 먼지를 턴다

옷을 치면 옷에 붙어 있던 먼지는 관성 때문에 제자리에 있고 싶어하고 옷은 움직이므로 옷과 먼지가 분리됩니다.

② 버스가 급출발하면 사람들이 뒤로 넘어진다

버스가 정지해 있을 때 버스 안에 서 있는 사람 역시 정지 상태입니다. 버스가 급출발하면 관성에 의해 사람은 정지 상태를 유지하고 싶어하고, 차는 앞으로 움직이니까 사람이 뒤로 넘어지게 됩니다.

③ 휴지를 세게 잡아당기면 휴지가 끊어진다

두루마리 휴지에는 점선 부분이 있는데 휴지가 잘 끊어지도록 만들어 둔 것입니다. 걸려 있는 휴지를 한 손으로 빠르게 잡아당기면 점선 안쪽의 휴지 부분이 제자리에 있고 싶어하는 관성이 생겨 점선 부분이 끊어집니다.

이번에는 움직이고 있던 물체가 그 속도로 그대로 움직이려고 하는 관성을 예를 봅시다.

① 달리던 버스가 급브레이크에 걸리면 사람들이 앞으로 넘어진다.

달리던 버스가 갑자기 멈추면 사람은 앞으로 계속 가고 싶어하는 관성이 생깁니다. 그런데 버스가 멈추니까 사람이 앞으로 넘어집니다.

② 뛰다가 돌부리에 걸려 넘어진다

달리는 사람은 계속 달리고 싶어하는 관성이 있습니다. 그런데 발이 돌부리에 걸리니까 발은 못 움직이고 상체는 계속 움직이려고 하니까 돌부리를 중심으로 몸이 회전하게 됩니다.

③ 줄에 돌을 매달고 돌리다가 줄을 끊으면 돌이 날아간다

줄에 매달린 돌은 원운동을 합니다. 이때 속도의 방향은 원의 접선 방향입니다. 그런데 줄이 끊어지면 더 이상 돌이 원운동을 하게 하는 힘이 없으니까 마지막에 원을 돌던 속도 그대로 움직이려는 관성이 생깁니다. 그러니까 돌은 접선 방향으로 날아갑니다.

무거운 물체와 가벼운 물체 중에서 어느 게 관성이 더 클까요? 정답은 무거운 물체입니다. 다음과 같은 실험을 해 봅시다.

용수철의 양끝에 두 개의 공을 매달아요. 하나는 무거운 쇠공이고 하나는 가벼운 탁구공입니다. 두 공이 맞닿을 때까지 용수철을 압축시키다가 손을 놓으면 용수철은 탄성 때문에 원래의 길이로 돌아가려고 합니다. 이때 무거운 쇠공은 제자리에 있고 가벼운 탁구공만이 빠르게 튕겨 나갑니다.

이것은 무거운 쇠공이 제자리에 있고 싶어하는 관성이 더 크기 때문입니다. 이렇게 질량이 클수록 물체는 관성이 더 큽니다. 예를 들어 무거운 배가 부두에 올 때는 아주 먼 곳에서부터 엔진을 꺼야 합니다. 그렇지 않으면 관성이 큰 무거운 배는 원래의 속도에서 정지 상태로의 변화가 어려우니까 부두와 부딪칠 위험이 있지요.

제3장

운동 법칙에 관한 사건

가속도 – 속도와 가속도의 방향

운동 법칙과 질량 – 트럭이 막아 버린 맞선

중력에 의한 운동 – 무조건 명중

두 물체의 운동 법칙 – 두 차를 맞대면 교통사고를 피할 수 있었을 텐데

속도와 가속도의 방향

버스가 급정거할 때 가속도의 값은 음일까요, 양일까요?

사건속으로

나유명 씨는 많은 사람들에게 존경을 받는 학자이다. A방송국에서는 어린이 과학 퀴즈 프로그램에 나유명 씨를 섭외했다.

"안녕하세요, 어린이 여러분. 오늘은 특별한 분이 문제를 내 주실 거예요. 훌륭한 과학자를 꿈꾸는 어린이 과학자들을 위해 시간을 내 주신 나유명 선생님을 소개합니다."

퀴즈 프로그램에 나온 4명의 어린이와 어린이 방청객들이 일제히 환호했다.

"와! 와!"

"어린이 여러분 안녕하세요."

"나유명 박사님, 우리 어린이들에게 인기가 정말 많으시네요."

"아무래도 제가 어린이들을 위한 과학 프로그램이나 책들을 많이 집필하다 보니 그런 것 같습니다. 허허허."

"박사님께서 오늘 직접 우리 어린이들에게 과학 퀴즈를 내 주신다고 하셨는데요. 너무 어렵지 않을까요?"

"허허허, 아닙니다. 제가 내는 문제는 과학자를 꿈꾸는 어린이들이라면 아주 쉽게 맞힐 수 있는 겁니다."

"그럼 문제 내 주시죠."

"OX퀴즈입니다. '속도의 방향과 가속도의 방향은 같다'는 O일까요, X일까요?"

4명의 어린이들 가운데 3명은 X를 들었고, 1명의 어린이만이 머리를 긁적이며 머뭇거리다가 O를 들었다.

나유명 씨가 O라고 한 어린이를 쳐다보며 말했다.

"정답은…… 무엇일까요? 허허허."

4명의 어린이들이 긴장된다는 표정으로 나유명 박사의 얼굴을 쳐다보았다.

"많이 긴장 되죠? 음, 그럼 그만 뜸들이고 정답을 발표하겠습니다. 정답은…… O입니다."

방송을 시청하던 사람들은 정답이 O라는 것에 대해 약간 의아해했다. 하지만 나유명 박사 정도나 되는 사람이 답을 잘못 말했을 리

없다며 의심을 거두었다.

'설마…… 저 유명한 박사님이 잘못된 답을 말하셨을 리가 있나? 박사님 말이 옳을 거야!'

그런데 방송을 시청한 사람들만 나 박사의 발표에 그러겠거니 한 것이 아니라, 교과서를 만드는 사람들도 책의 내용을 수정하기 시작했다. 그래서 '속도의 방향과 가속도의 방향이 같다'는 나 박사의 이론을 아이들이 외우게 되었다.

과학초등학교 4학년인 이달호는 호기심이 많은 어린이였다. 달호가 가장 좋아하는 프로그램은 과학퀴즈쇼였고, 가장 존경하는 사람은 나유명 박사였다. 모든 일에 호기심을 보였던 달호는 수업 시간에 질문을 하도 많이 해서 선생님들을 당황하게 하기도 했다. 한번은 에디슨의 전기를 읽고는 달걀과 메추리알을 자신의 침대에 가져다 놓고 품겠다고 하다가 잠이 들어 달걀과 메추리알을 깨는 바람에 침대를 엉망으로 만들었다.

그러던 어느 날, 달호가 퀴즈 프로그램에 나유명 박사가 나온다는 소식을 듣고 녹화할 준비까지 마치고 텔레비전 앞에 앉았다.

"어린이 여러분, 속도의 방향과 가속도의 방향이 같다는 O입니다."

"응? 속도의 방향과 가속도의 방향이 같다고?"

나 박사의 말에 달호는 잠시 의문을 가졌지만 존경하는 과학자의 말이기에 고개를 끄덕였다.

텔레비전에 푹 빠져 있던 달호에게 엄마가 말했다.

"달호야, 엄마 심부름 좀 해 줄래?"

달호는 생각에 잠겨 엄마의 목소리가 들리지 않았다.

"달호야!"

'박사님이 하신 말이 틀릴 리가 있겠어?'

그렇게 1년이 지나고 달호는 5학년이 되었다.

하루는 달호가 학교에 가기 위해 버스를 탔다.

"오늘도 어김없이 버스에 사람이 많군. 에휴."

사람들 틈에 겨우 끼어서 샌드위치가 된 기분이었다. 도저히 숨도 쉬기 힘들 정도로 사람이 많아지자 달호는 타고 있는 버스에서 내려 다음 버스를 타기로 결정했다.

다음 버스는 30분이 넘게 기다려서야 나타났다.

"완전 지각이야. 그냥 좀 더 참고 그냥 타고 있을걸."

달호는 늦게 온 버스가 원망스러워 투덜대며 버스에 올라탔다. 이미 등교 시간이 지나서 그런지 버스에는 사람들이 거의 없었다. 하지만 앉을 자리는 없었다.

"앗, 장미다!"

달호가 2학년 때부터 좋아했던 백장미가 버스의 뒷자리에 앉아 있었다. 두 갈래로 딴 머리와 분홍색 스웨터를 입고 빨간 체크무늬 치마를 입은 장미의 모습이 달호의 눈에 천사처럼 보였다.

장미는 학교에서 가장 인기 있는 여자 아이였다. 공부도 잘하고 얼굴도 예뻐서 남자 아이들의 선망의 대상이었다. 달호 역시 장미를 처음 본 순간 반했었고 버스에서 장미를 만나자 학교에 지각했다는 사실도 잊고 너무 반가웠다.

달호가 떨리는 마음을 겨우 진정시키며 장미에게 인사를 했다.

"자……장미야, 안……녕……."

그런데 장미는 도도한 모습 그대로 달호를 향해 미소만 보낼 뿐이었다.

달호는 장미 옆으로 다가갔다. 장미가 앉아 있는 의자의 손잡이를 잡고 버스의 창을 바라보며 서 있었다. 장미의 얼굴을 힐끗 바라볼 때마다 얼굴이 붉어졌다.

버스는 학교를 향해 열심히 달리고 있었다. 그런데 갑자기 버스 앞으로 강아지 한 마리가 뛰어들었다. 놀란 버스 기사가 급브레이크를 걸었다.

"으악!"

달호는 중심을 잃고 버스 기사가 앉아 있는 맨 앞까지 데굴데굴 굴러갔다.

순간 달호의 머릿속에는 장미가 떠올랐다. 아니나 다를까, 장미는 넘어진 달호의 모습을 보고 깔깔대며 웃고 있었다.

운전 기사가 달호를 쳐다보며 물었다.

"얘야, 괜찮니? 다친 데 없어? 저 똥개가 갑자기 차에 뛰어들어서…… 큰일 날 뻔했네!"

"괘……괜찮아요."

장미에게 창피했던 달호가 벌떡 일어나 앞쪽에 섰다.

'윽, 하필 장미 앞에서 이럴 건 뭐야.'

달호는 장미와 눈을 마주치지 않으려고 되도록 애를 썼다.

그때 달호에게 1년 전에 보았던 과학퀴즈쇼가 기억났다.

'앗! 분명 나유명 박사님이 속도의 방향과 가속도의 방향이 같다고 했는데…… 교과서에도 그렇게 쓰여 있고…… 그게 맞는다면 왜 내가 앞으로 넘어졌을까?'

달호의 의문은 쉽게 가라앉지 않았다.

그날 달호는 나유명 박사의 홈페이지에 글을 올렸다.

나유명 박사님! '속도의 방향과 가속도의 방향은 같다'라는 이론은 잘못된 것 같습니다. 제가 버스에 타고 서 있었는데 갑자기 버스가 급브레이크에 걸렸습니다. 그런데 제가 앞으로 데굴데굴 굴러갔습니다. 박사님의 말에 의하면 제가 뒤로 넘어져야 하지 않을까요?

나유명 박사는 그 글을 삭제했다. 달호는 다시 글을 올렸고 글은 자꾸 삭제되기만 했다. 그리고 나유명 박사로부터 어떤 연락도 따로 없었다. 그래서 달호는 물리법정에 찾아 자신의 의문을 풀고자 했다.

가속도가 양이면 속도와 같은 방향이고 가속도가 음이면
속도와 반대 방향이 됩니다.

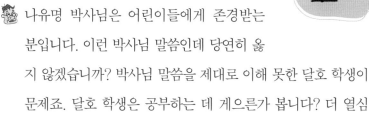

나유명 박사는 왜 달호의 글에 대한 답을
해 줄 수 없었던 걸까요?
물리법정에서 알아봅시다.

 피고 측 변호사, 변론하세요.

🧑 나유명 박사님은 어린이들에게 존경받는

분입니다. 이런 박사님 말씀인데 당연히 옳

지 않겠습니까? 박사님 말씀을 제대로 이해 못한 달호 학생이

문제죠. 달호 학생은 공부하는 데 게으른가 봅니다? 더 열심

히 공부해야겠군요.

🧑 나유명 박사님이 확신이 있었다면 달호 학생의 글에 명확한

답을 주지 않았던 이유는 무엇입니까?

🧑 음, 그건…… 당연한 걸 물으니까 그랬던 거지요.

🧑 당연한 것이라뇨? 물치 변호사의 말을 이해하기가 힘들군요.

🧑 제가 변론하겠습니다. 스피드물리과학연구소의 최가속 소장

님을 모시고 설명 드리겠습니다.

🧑 받아들이겠습니다. 증인은 증인석에 앉으세요.

얼굴이 역삼각형 모양인 구릿빛 피부의 30대 남자가 증

인석에 앉았다.

최가속 소장님, 먼저 속도와 가속도에 대한 설명을 부탁드립니다.

속도는 단위 시간당 이동한 변위를 말하는데, 속력은 크기만을 나타내는 반면 속도는 속력의 크기에 물체의 이동 방향까지 함께 고려한 값입니다. 가속도는 속도가 단위 시간 동안 얼마나 변했는지를 의미하는데, 물체가 이동하던 방향으로 속도가 증가하면 가속도 값이 양이 되고 속도가 감소하면 가속도 값이 음이 되는 거죠. 가속도가 양이면 속도와 같은 방향이고 가속도가 음이면 속도와 반대 방향이 됩니다. 그리고 여기서 속도와 가속도의 방향은 충분히 다를 수 있습니다.

그러면 달호 군이 버스에서 앞으로 튕겨져 나간 건 속도와 가속도가 반대 방향임을 확인한 경우이겠군요.

맞습니다. 버스의 속도가 감소할 때 버스는 계속 앞으로 가고 있기 때문에 속도 방향은 그대로이지만 가속도는 반대 방향이 됩니다. 그렇기 때문에 달호 군이 관성력을 앞으로 받은 것이지요. 달호 군이 앞으로 튕겨져 나간 건 당연한 결과입니다.

하하, 그렇지요. 당연하다는 말은 이럴 때 쓰는 겁니다. 설명 감사합니다. 나유명 박사님이 달호 학생 덕에 물리 공부를 한 셈이 되었군요.

나유명 박사님은 그동안 속도와 가속도의 방향이 같다고 한 이론을 정정해 발표해야 할 것입니다. 또한 나유명 박사의 말

만 믿고 교과서의 내용을 틀리게 기록한 것에 대해서도 정정을 요구합니다. 앞으로는 과학적 근거 없는 지식이 공공연히 기록되는 일이 없도록 충분한 증거와 인증을 받도록 해야 할 것입니다.

재판이 끝난 후 모든 교과서에서는 속도의 방향과 가속도의 방향에 대한 글이 수정되었다. 즉 '속도가 증가할 때는 가속도의 방향과 같은 쪽으로, 속도가 감소할 때는 가속도와 반대 방향으로 움직인다' 라고 정정되었다.

 버스에 서 있을 때 손잡이를 잡아야 하는 이유

일정한 빠르기로 방향도 안 바뀌면서 움직이는 곳을 '관성계' 라고 하는데, 관성계에서는 물체의 운동 모습이 정지해 있는 곳과 같아진다. 그러나 버스는 일정한 빠르기로 움직이는 관성계가 아니므로 버스의 속력이 달라질 때마다 우리의 몸은 관성에 의해 움직이게 되고, 이것이 사람을 다치게 할 수도 있다. 그러므로 버스에 탔을 때는 손잡이를 잡아야 안전하다.

트럭이 막아 버린 맞선

무거운 물체를 밀어 이동시켜야 할 때 질량을 더해
바닥과의 마찰력을 키우는 이유는 무엇일까요?

"뭐? 어디? 몇 신데?"

"그 상대편 남자는 어떤 사람…… 뭐, 완전 킹카
라고?"

최한가 양은 친구의 전화에 인생의 희비가 엇갈리는 기분을 맛보
았다. 장장 32년 동안의 솔로 생활을 청산할 수 있는 사건이 생긴
것이다. 그 사건은 바로 '맞선'이었다.

올해로 32세인 최한가 양은 연애다운 연애 한번 해 보지 못하고
서른을 넘겨 버린 노처녀였다. 그래서 남들은 기다리고 기다린다는
주말도 그리 반갑지 않았고 명절이면 시집은 언제 가냐는 친척들의

눈총을 한 몸에 받고 있었다. 심지어 친구들은 다들 결혼에 골인하는데 자신만 아직도 남자 친구 하나 없다는 사실이 부끄러워 친구들에게 연락도 한 번 하지 못하고 있었다.

최한가 양이 그동안의 굴욕을 생각하며 눈물을 흘렸다. 아직 맞선 자리에 나가지도 않았건만 이제는 더 이상 폐인으로 지내지 않아도 될 것만 같아서였다. 이번에는 기필코 성공하리라. 그녀는 다짐하고 또 다짐했다.

그녀는 생각만 해도 기분이 좋아져서 얼굴에 웃음꽃을 활짝 피웠다.

"이제 나도 주말이면 방바닥에 배 깔고 만화책이나 보는 게 아니라 남들처럼 데이트한다고 바빠지는 건가? 후훗."

최한가 양이 시계를 쳐다보며 시간을 확인해 보았다.

"가만 있자…… 약속 시간이 얼마나 남았나?"

약속 시간까지는 3시간 정도 남아 있었다.

그동안 예뻐 보이도록 준비나 할 요량으로 거울에 다가선 최한가 양의 얼굴이 묘하게 일그러졌다.

"꺄아아아!"

목이 늘어난 티셔츠는 뭔가 먹다가 흘려서 생겼는지 얼룩이 져 있었고 엄마의 '몸빼 바지'에 기름이 번들거리는 얼굴, 그리고 엉클어져 있는 머리카락까지. 최한가 양의 모습은 정말 가관이라고 할 만했다.

"내 꼴이 이게 뭐야. 꾸미려면 네 시간은 넘게 걸릴 텐데, 어떡하지? 이럴 때가 아니야. 어서 씻고 화장부터 해야겠어."

최한가 양은 맞선을 위한 치장을 본격적으로 시작했다. 머리를 감음과 동시에 칫솔질을 하고 마스카라를 칠하면서 드라이기로 머리를 말렸다. 두 손은 마치 서로 따로 노는 듯이 일사분란하게 움직였다. 마지막으로 큼지막한 '써클렌즈'까지 끼고는 만족스러운 표정으로 옷을 고르기 시작했다.

"분홍색? 아니야, 꾸민 티가 너무 날 거야. 검은색? 아니야, 검은색은 너무 차분한 색이라 나이 들어 보일지도 몰라……."

한참 동안 이것저것 입어 보던 최한가 양은 결국 처음에 집어 들었던 옷으로 선택하고는 엉망진창이 되어 버린 방을 뒤로하고 나섰다.

"아직 30분의 여유가 있으니 서둘러 가면 되겠어."

그러나 콧노래를 흥얼거리며 집 앞의 골목길에 세워 놓은 차를 향해 가던 그녀의 얼굴이 점점 일그러졌다.

"저건, 웬 트럭이야?"

산 넘어 산이라더니 그녀의 자동차 앞을 커다란 8톤 트럭이 막고 있는 것이었다.

약속 시간이 촉박한 최한가 양이 발을 동동 굴렀다.

"어머, 누가 이렇게 예의 없이 차를 대 놓은 거야? 이러면 뒤차가 빠져나가질 못하잖아! 아, 정말 어떡해."

트럭에는 잠시 정차한다는 쪽지나 전화번호는 물론이고 운전자의 기척도 찾을 수 없었다. 게다가 트럭의 짐칸에는 몇 개의 폐타이어가 고정되어 있지 않은 채 아무렇게나 널브러져 있었다.

운전석을 유심히 살펴보던 그녀가 중얼거렸다.

"브레이크는 잠그지 않고 가긴 했는데…… 트럭이라 민다고 해도 움직일지 모르겠네."

최한가 양은 치마에 하이힐을 신은 것도 아랑곳하지 않고 힘껏 트럭을 밀었다. 하지만 예상대로 트럭은 꿈쩍도 하지 않았다. 한참을 트럭과 씨름하던 그녀가 시계를 보았을 때는 이미 약속 시간이 5분이나 지나 있었다.

어쩔 수 없이 큰 길까지 나간 최한가 양은 택시를 타고 부랴부랴 약속 장소로 나갔지만 이미 한 시간이 지난 뒤였다. 그리고 맞선을 보기로 한 남자는 약속 장소에 없었다.

최한가 양이 그만 다리에 힘이 풀려 그 자리에 주저앉았다.

"맞선 보기로 했는데……."

아무래도 트럭이 자신의 일을 방해한 것이었다. 최한가 양의 분노가 트럭에 향했다.

"내, 이 트럭을 그냥!"

다음 날 트럭 운전수는 자신의 트럭 위에 놓인 한 장의 영문 모를 고소장을 발견했다. 고소인에는 '최한가'라고 쓰여 있었다.

사람의 몸에 타이어를 끼우면 타이어 무게만큼 질량이
증가되어 지면을 누르는 힘이 커지고
동시에 지면과 발바닥과의 마찰력이 커집니다.

기는 물리법정

과연 최한가 양의 힘만으로는 트럭을
끌 수 없었을까요?
물리법정에서 알아봅시다.

🧑‍⚖️ 재판을 시작합니다. 먼저, 원고 측부터 변
론하세요.

🧑 제가 나중에 하겠습니다. 만날 저 먼저 하
니까 피곤해서요.

🧑‍⚖️ 잔소리 말고 좀 제대로나 하세요.

🧑 쳇, 해요 하면 되잖아요. 에헴, 이 사건은 원고가 상대적으로
남자보다 힘이 약한 여자인 데다가 약속 시간이 급해 꼭 차가
필요했음에도 불구하고 저 무식한 8톤 트럭 운전수가 개념 없
이 차를 대어 놓았기에 생긴 일입니다. 맞선을 보지 못하게 된
데 대한 보상과 이에 덧붙여 주차 위반 딱지도 떼야 한다고 봅
니다.

🧑‍⚖️ 다음, 피고 측 변론하세요.

🧑 뉴턴연구소의 신가속 박사를 증인으로 요청합니다.

🧑‍⚖️ 좋습니다.

멋지게 콧수염을 기르고 흰 가운을 입은 50대 남자가
성큼성큼 증인석에 와 앉았다.

🗣️ 8톤 트럭이라면 굉장한 힘이 필요할 것 같은데 가녀린 여자가 그런 트럭을 끌 수 있는 방법이 있습니까?

🗣️ 사실 잘 모르는 분들은 불가능할 거라고 생각하시죠. 여성 분들이 힘이 없어서 맨손으로 끄는 거야 힘들 수도 있겠습니다만 재미있게도 타이어를 몸에 끼우고 끌 경우 충분히 끌 수 있다고 말씀드릴 수 있습니다.

🗣️ 정말 신기한데요. 어떻게 그런 일이 가능할 수 있습니까?

🗣️ 사람이 타이어를 몸에 끼우면 타이어 무게만큼 질량이 증가하게 되고 질량의 증가량과 더불어 지면을 많이 누르게 되죠. 그러면 지면과 발바닥과의 마찰력이 커지게 되는데요, 마찰력을 이용해 지면을 밀면서 앞으로 나간다면 육중한 8톤의 트럭이라도 충분히 끌 수 있는 거죠.

🗣️ 그럼 최한가 양은 집 앞에 놓인 트럭 안에 있는 타이어만 이용했다면 충분히 약속 장소에 늦지 않게 도착할 수 있었겠군요. 정말 안타깝습니다. 신가속 박사님께서 말씀하신 이 내용을 알고 있었다면 얼마나 좋았을까요. 트럭 기사는 크게 잘못한 게 없다고 보입니다.

🗣️ **무게와 질량**

질량의 단위는 'kg'이나 'g'을 사용하지만 무게의 단위는 'N(뉴턴)'이다. 1N의 무게란 질량이 1kg인 물체의 무게를 말하며, 질량은 다른 천체로 가면 달라지지 않지만 무게는 천체의 크기와 질량에 따라 달라진다.

 타이어를 응용해 충분히 해결될 문제였군요. 앞으로 트럭의
트렁크에 타이어 한두 개씩 갖추고 다니도록 대한트럭연합에
공지를 보내도록 하십시오. 최한가 양의 사정은 안타깝지만
다음 기회를 기다려야겠군요.

무조건 명중

절벽에서 떨어지는 사과를 명중시키기 위해
고려해야 할 운동은 무엇인가요?

미케닉 제국의 왕은 셋째 아들 피즈를 미케닉 제
국 최대 규모의 협곡 그랑 협곡에 데리고 갔다. 같
은 높이의 깎아지른 듯한 절벽이 서로 마주보고 있
고 둘 사이의 길이는 수십 미터 정도 되어 보였다.

미케닉 제국의 왕이 셋째 아들 피즈에게 말했다.

"이곳은 우리 제국에서 가장 큰 협곡이다. 저 아래의 마을들이 보
이느냐?"

"예, 폐하."

"저 마을에는 수많은 백성들이 살고 있다. 너라면 저 백성들을 따

스하게 감싸 줄 수 있는 왕이 될 수 있을 것이라 생각한다. 나는 너에게 우리 제국을 맡기고 싶구나."

"아닙니다. 제가 어찌 감히 제국을 맡긴단 말입니까? 형님들도 있고…… 저에게는 너무 과분한 처사십니다."

"허허허. 역시 너는 착한 아들이구나. 곧 있으면 너의 형들이 이곳으로 올라올 것이다. 내가 오늘 너희들의 사격 솜씨를 보고 왕위를 물려 줄 왕자를 선택할 것이니 최선을 다하여라."

"사격이라면 자신 있습니다만."

첫째 왕자 우즈와 둘째 왕자 리즈가 협곡에 도착했다.

뚱보인 첫째 왕자 우즈가 숨을 헐떡이며 말했다.

"폐하, 이 협곡에는 무슨 일로 부르셨습니까?"

겁쟁이인 둘째 왕자 리즈도 절벽을 보자 현기증을 느끼며 말했다.

"궁에서 보자고 하시지 왜 이런 무서운 곳으로 부르셨습니까? 으윽, 아래를 내려다보기만 해도 아찔합니다."

미케닉 제국의 왕이 한심하다는 눈으로 리즈를 바라보며 말했다.

"미케닉 제국의 왕자라는 녀석이 이 정도에 겁을 먹고 벌벌 떠는 꼴이라니! 으흠, 한심한 녀석!"

"폐하! 그런 것이 아니라, 저는 단지……."

"자, 왕자들은 모두 내 말을 들어라. 오늘 이곳으로 너희들을 부른 까닭은 다름이 아니라 나의 병세가 악화되어 왕을 이어받을 왕자를 선택하기 위해서이다."

첫째 왕자 우즈가 얼굴을 붉히며 말했다.

"폐하! 왕위를 물려받는 것은 당연히 첫째 아들인 제가 되어야 하는 것 아닙니까?"

왕이 고개를 저었다.

그러자 둘째 왕자 리즈가 형의 눈치를 보며 말했다.

"형님, 폐하의 뜻이 이러한데 정정당당하게 승부를 해 왕위를 물려받을 왕자를 뽑읍시다."

우즈가 리즈를 흘겨보았다. 리즈는 우즈의 시선을 피하느라 먼 산을 바라보았다.

왕이 다시 한번 말했다.

"난 너희 모두에게 기회를 주고 싶다. 우즈야, 너는 자신이 없는 것이냐?"

"아닙니다. 그것이 아니라……."

"아니라면 됐다. 그럼 모두들 동의한 것으로 알고 대회를 시작하도록 하자."

왕의 말이 끝나자 어느새 신하들이 모여들었다. 반대편 협곡에도 몇몇의 신하들이 올라와 있었다.

왕자들에게 주어질 총 세 정이 준비되어 있었다.

"자, 너희들이 이 총으로 반대편 협곡에 있는 신하가 떨어뜨리는 사과를 향해 다섯 발 연속 쏘아 맞추어야 한다. 만약 사과를 맞추면 반대편의 신하들이 빨간 깃발을 흔들 것이고, 못 맞추면 하얀 깃발을 올릴 것이다. 그럼, 누가 먼저 시작하겠느냐?"

겁쟁이 리즈가 한발 물러섰다.

셋째 왕자 피즈가 나서려 하자 첫째 왕자 우즈가 왕에게 말했다.

"제가 먼저 하겠습니다."

"그래, 첫째 왕자인 우즈가 먼저 해 보아라."

우즈는 아찔한 절벽이 두려웠지만 왕의 자리를 놓고 겨루는 대결이기에 마음을 굳게 다잡았다.

우즈가 총을 받아서는 절벽에 엎드리고 겨누는 자세를 취했다. 준비된 왕자가 신호를 보내자 수십 미터 떨어진 반대편 절벽에서 사과가 떨어졌다.

빵, 빵, 빵, 빵, 빵.

다섯 번의 총성이 울렸다. 주위는 고요해졌다. 반대편의 절벽에 있던 다섯 명의 신하들이 깃발을 들었다. 하얀 깃발 다섯 개가 바람에 휘날리고 있었다. 우즈가 고개를 떨어뜨렸다.

그런 우즈를 보며 리즈가 회심의 미소를 지었다.

'하하하, 잘만 하면 형이 아니라 내가 왕이 되는 거야! 으하하하, 미케닉 제국의 황제 리즈가 되는 거라고!'

리즈는 떡 줄 사람은 생각도 안 하는데 김칫국부터 마시고 있었다.

이번에는 리즈가 싱글벙글한 얼굴로 총을 받았다. 그러나 겁쟁이 리즈는 절벽 아래를 보자 곧 울렁증이 일어나 서 있는 것조차 힘들었다.

왕이 말했다.

"그래서 어디 총이나 제대로 쏠 수 있겠느냐? 정 못하겠으면 포기하라!"

리즈가 두 눈을 질끈 감고 젖 먹던 힘을 다해 버텨 냈다.

"아닙니다. 총을 쏘겠습니다."

리즈가 이를 악물고 절벽에 엎드려 반대편을 향해 준비되었다는 신호를 보냈다.

사과가 떨어졌다.

빵!

"엄마야!"

리즈는 자신이 쏜 총 소리에 스스로 놀라 어쩔 줄을 몰라 했다. 왕자들은 물론 신하들까지 리즈를 보며 웃음을 참느라 얼굴이 빨개졌다.

보다 못한 왕이 리즈에게 말했다.

"당장 이리 오너라! 왕자의 체통도 지키지 못하는 네가 어찌 왕이 될 수 있겠느냐! 한심한 녀석!"

리즈가 머리를 긁적이며 왕에게 다가왔다.

"폐하, 한 번만 더 기회를 주십시오. 너무 긴장을 하는 바람에 실수를 한 것입니다. 한 번만……."

"시끄럽다. 넌 이미 기회를 잃었어! 마지막으로 피즈가 해 보도록 하라!"

피즈가 자신감 넘치는 표정으로 총을 받았다.

"그럼, 제가 해 보겠습니다."

당당히 걸어가는 피즈의 뒷모습을 보며 왕은 흐뭇해했다.

피즈가 바닥에 엎드려 총을 겨누었다. 그러고는 준비가 되었다고 신호를 보냈다.

사과가 떨어졌다.

빵! 빵! 빵! 빵! 빵!

피즈는 수평 방향으로 총을 쏘았고 다섯 발의 총성이 울려 퍼졌다. 모든 사람들이 깃발이 올라오기만을 초조하게 기다렸다. 반대쪽의 협곡에서는 사과의 상태를 점검하느라 분주한 것 같았다. 이어서 깃발을 들어올렸다. 다섯 개의 빨간 깃발이 휘날렸다.

신하들은 박수를 쳤고 왕이 피즈를 바라보며 말했다.

"하하하, 역시 피즈가 가장 뛰어나구나. 네가 우리 미케닉 제국의 왕이 될 것이다. 하하하."

리즈는 자리에 풀썩 주저앉아 눈물을 흘렸다.

그때 우즈가 몹시 흥분한 목소리로 말했다.

"이건 말도 안 됩니다. 폐하께서는 진작부터 피즈를 왕으로 염두에 두시고 이런 말도 안 되는 대결을 시키신 것입니다. 어떻게 이먼 거리에서 수평 방향으로 총을 쏘았는데 백발백중으로 명중을 한단 말입니까? 이번 대결은 없던 것으로 해 주십시오! 피즈가 왕이라니…… 안 됩니다."

왕이 우즈에게 다가가 호통을 쳤다.

"너는 대결에서 동생에게 지고도 부끄럽지 않느냐? 피즈의 우승을 더럽히려 하다니! 너 같은 녀석이 왕이 되는 것은 내가 용납할 수 없다. 더군다나 공정한 대결을 의심한 것은 곧 짐을 의심한 것과도 같다. 더 이상 바보 같은 짓을 하지 말고 너의 패배를 인정해라."

왕은 피즈와 신하들과 함께 협곡을 내려갔다. 우즈는 절벽을 바라보며 씩씩거렸다.

다음 날, 우즈가 두 주먹을 불끈 쥐고 물리법정을 찾았다.

"어제의 사격 대결은 분명 음모가 있습니다. 물리법정에서 진상을 조사해 주십시오!"

떨어지는 사과와 발사된 총알 모두 중력의 작용으로
자유 낙하 운동을 하게 됩니다.

 재판을 시작하겠습니다. 원고 측, 변론하

세요.

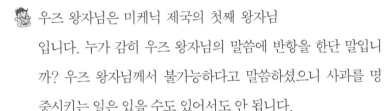 우즈 왕자님은 미케닉 제국의 첫째 왕자님

입니다. 누가 감히 우즈 왕자님의 말씀에 반항을 한단 말입니

까? 우즈 왕자님께서 불가능하다고 말씀하셨으니 사과를 명

중시키는 일은 있을 수도 있어서도 안 됩니다.

원고 측 변호사, 지금 무슨 말씀을 하십니까? 그러면 미케닉

제국의 왕께서 피즈 왕자님을 왕좌에 앉히기 위해 사격 대회

를 조작했다는 말씀이신가요? 우즈 왕자님보다도 더 높으신

왕께서 말입니다.

저, 그게…… 그렇게 되는가요?

피고 측 변호사가 변론을 해야겠군요.

이번에는 증인이 두 분입니다. 전국사격센타의 최명중 소장님

과 피즈 왕자님을 모시고 말씀드리겠습니다.

최명중 소장이 전국사격센터의 소장답게 한쪽 어깨에 장총을 매

고 허리춤에는 소총을 차고 먼저 들어왔다. 그리고 그 뒤로 총명함

이 하늘을 찌를 정도로 번뜩이는 눈을 가진 피즈 왕자가
빛나는 예복을 입고 증인석에 앉았다. 왕자의 등장에 재판
정에 있는 사람들은 자리에서 일어났다.

모두 자리에 앉아 주십시오. 소장님께 여쭤 보겠습니다. 협곡
에서 떨어지는 사과를 수평으로 쏘면 맞힐 수 있습니까?

사과를 떨어뜨리면 중력의 작용으로 자유 낙하하게 됩니다.
그렇다면 총의 경우 총알은 어떻게 될까요? 총알도 당연히 중
력을 받게 되겠지요. 수평으로 총을 쐈기 때문에 총알은 수평
운동과 수직 운동을 동시에 하게 됩니다. 자유 낙하 하는 물체
는 같은 가속도 $10m/s^2$을 받아 질량에 관계없이 같은 시간 동
안 같은 거리만큼 떨어지게 되죠. 낙하 거리는 중력 가속도와
시간의 제곱에 비례하는데, 1초 후에 5m, 2초 후에 20m 정도
낙하합니다.

총을 쏠 때 중력의 영향으로 자유 낙하하는 거리를 미리 예상
해야 한다는 말씀이군요. 그렇다면 왕자님은 사격할 때 사과
를 언제 쏘았는지 말씀해 주시겠습니까?

저는 신하가 잡고 있는 사과를 유심히 쳐다보고 있다가 떨어
질 때 동시에 수평으로 총을 쐈습니다.

소장님, 왕자님의 말씀대로 하면 명중시킬 수 있습니까?

사과와 총알 모두 같은 가속도로 떨어지므로 사과가 떨어지는

동시에 총을 쏘면 총알이 반대편 협곡에 도달했을 때 수직으로 자유 낙하한 거리가 같아서 둘은 만나게 됩니다. 당연히 사과는 총에 맞게 되지요. 이 원리를 이용하면 쉽게 명중시킬 수 있답니다.

왕자님은 이미 물리적인 작용을 알고 계셨군요. 미케닉 제국의 왕이 될 자격이 충분히 있으십니다. 이것으로 피즈 왕자님의 사격 솜씨가 정말 대단하신 것을 입증했습니다.

미케닉 제국의 사격 학교 교재에 중력의 영향에 대한 내용을 첨가해 사격 실력 향상에 도움이 될 수 있도록 하십시오. 그리고 피즈 왕자님의 사격 실력을 인정합니다.

재판이 끝난 후 피즈 왕자는 미케닉 제국의 왕 자격이 주어졌고, 우즈 왕자는 피즈 왕자의 사격 실력을 인정하는 아름다운 모습을 보여 주었다.

 포물선 운동

절벽에서 수평 방향으로 돌을 던지면 돌은 강물에 포물선을 그리면서 떨어진다. 이때 던진 돌의 속력에 따라 포물선의 모양은 달라지지만 매초 떨어지는 속도 변화는 일정하다. 지구에서는 1초에 9.8m/s씩 속도가 일정하게 증가하면서 떨어진다. 물론 이 속도 변화는 다른 천체에 가면 달라지는데, 중력이 큰 천체에서는 매 1초 동안 더 빠른 속도로 떨어지고, 중력이 작은 천체에서는 더 느린 속도로 떨어진다.

두 차를 맞대면 교통사고를 피할 수 있었을 텐데

브레이크가 고장 난 차를 사고 없이
세울 수 있는 방법이 있을까요?

사건속으로

"띵동. 아무도 안 계십니까?"

우체부 아저씨가 먹돌이네 집 앞에서 초인종을
누르고 있었다.

학교 수업을 마치고 집에 돌아오던 먹돌이가 핫도그를 먹으며 걸
어왔다.

"아저씨, 누구세요?"

"꼬마야, 여기가 이판석 씨네가 맞니?"

"우리 아빠예요."

"그럼 이것 좀 전해 드려. 무슨 백화점에서 온 것 같은데…… 꼭 전해 드리렴! 안녕!"

"네!"

저녁때가 되자 엄마와 아빠가 집으로 돌아오셨다.

"먹돌아, 저녁밥 먹자!"

"엄마! 아까 어떤 우체부 아저씨가 이걸 전해 주래요."

"응? 이게 뭐지?"

봉투를 열어 본 엄마의 얼굴에 환한 미소가 번지더니 입이 귀에 걸렸다.

"어머! 여보!"

욕실에서 나오던 아빠가 수건으로 머리를 말리며 대꾸했다.

"무슨 일이야?"

"티켓이에요! 지난번에 백화점에 갔을 때 응모했던 '뜨거워온천' 가족 티켓! 입장료가 너무 비싸서 갈 엄두도 못 냈었는데! 정말 당첨이 되다니, 야호!"

"정말? 몸을 담그면 피로가 한번에 싹 풀린다고 소문이 자자한 그 뜨거워온천? 이야."

먹돌이가 폴짝폴짝 뛰고 있는 엄마와 아빠를 보며 고개를 갸우뚱거렸다.

며칠 뒤, 먹돌이네 가족은 뜨거워온천을 가기 위해 집을 나섰다.

그런데 평소 앙숙인 옆집 투덜이네 가족과 마주쳤다.

"어머, 먹돌이네 어디 가나 봐? 또 뭐 먹으러 가나? 호호호."

"온천 가요! 뜨거워온천, 아시죠? 뜨거워온천 말예요. 호호호."

투덜이 엄마가 깜짝 놀라며 되물었다.

"뭐라고요? 혹시 자기네도 지난번 백화점 세일 때 응모한 것이 당첨된 거야?"

"자기 '도' 라니? 그럼 투덜이네도 뜨거워온천 가는 거야?"

사실을 확인한 두 엄마가 "흥" 하면서 서로 등을 돌렸고, 아빠들은 멋쩍어하며 운전석에 올랐다.

투덜이네와 먹돌이네는 1년 전만 해도 사이가 아주 좋았다. 하지만 투덜이와 먹돌이가 같은 반이 되면서 사이가 안 좋아졌다. 먹돌이와 투덜이가 같은 반 친구인 장미를 동시에 좋아하게 되었고, 둘이 매일같이 싸우자, 상처투성이의 아이들을 보며 엄마들끼리도 사이가 안 좋아졌던 거였다.

"쳇! 하필이면 투덜이네랑 같이 당첨될 게 뭐람! 우린 그냥 다음에 가요!"

"뭐? 애들 싸움에 어른들까지 왜 그래? 그리고 이런 좋은 기회가 또 언제 있을 줄 알고? 그치, 먹돌아? 아무튼 출발이야! 출발!"

먹돌이 아빠는 차에 시동을 걸었다.

먹돌이가 신이 나서 말했다.

"아빠, 빨리 가서 우리가 1등으로 도착해요! Go!"

먹돌이네 차가 출발했고, 이어서 투덜이네 차도 뒤따라 출발했다.

투덜이가 말했다.

"아빠, 우리가 더 빨리 가요! 네, 빨리요!"

"이 녀석도 참⋯⋯."

"여보, 투덜이 말이 맞아요! 우리가 먼저 도착해야 해요! 빨리 밟아요!"

"아이고, 애나 어른이나 똑같다. 으휴."

먹돌이네 차 안에서도 신경전이 벌어지고 있었다.

"얼마나 걸려요?"

"음, 글쎄! 차가 안 막히면 두 시간 정도?"

"빠른 길로 가요! 투덜이네보다 빨리!"

"으휴."

한참을 달리고 있는데 투덜이네 차가 먹돌이네 차를 추월했다.

투덜이와 투덜이 엄마가 창문을 통해 먹돌이네를 놀려 댔다.

"메롱, 느림보 거북이!"

먹돌이 엄마가 아빠를 보며 재촉했다.

"여보, 빨리 좀 가요! 저 집한테 추월당했잖아요! 자존심 상해!
얼른 달려요!"

"이 사람이, 그러다가 사고라도 나면 어쩌려고! 그냥 천천히 갑
시다."

"아빠, 투덜이네보다 우리가 먼저 가야 해요! 아앙."

"어휴."

먹돌이 아빠가 속력을 내기 시작했다. 그리고 얼마 안 가 투덜이

네 차를 추월했다. 그러자 이번에는 투덜이네에서 속도를 내기 시작했고, 두 차는 계속해서 추월에 추월을 이어 갔다.

갑자기 먹돌이네 아빠가 당황하기 시작했다.

"어라? 이게 왜 이러지?"

"무슨 일이에요? 속도 좀 낮춰 봐요. 멀미가 날 것 같아요!"

"브, 브레이크가 고장 났나 봐……."

"네? 어머, 어떡해!"

"안 되겠어. 계속 이렇게 가다가는 큰 사고가 나겠어. 얼른 앞 차에 있는 투덜이 엄마한테 전화해서 차 좀 붙이자고 해!"

"뭐라고요? 투덜이 엄마한테 전화를 하라고요? 싫어요! 내가 왜 그 여자한테…… 못해요!"

"전화 안 하면 우린 정말 큰일 난다고! 당장 전화해!"

"아앙, 아빠 쉬 마려워요."

먹돌이가 울기 시작했고 차 안은 금새 아수라장이 되고 말았다.

"그러게, 뒤에서 계속 먹기만 하니까 화장실이 가고 싶지! 이 먹보야! 아유, 좀 참아 봐!"

"어서 전화해!"

"싫은데…… 아, 알았어요."

먹돌이 엄마가 마지못해 가방에서 휴대전화를 꺼냈다. 그러고는 천천히 투덜이네의 번호를 눌렀다.

"당신, 빨리 전화하라고! 한시가 급한 상황이야!"

"알았어요. 지금 하고 있잖아요!"

먹돌이 엄마는 자존심이 상했지만 어쩔 수가 없었다. 번호를 다 누르자 통화 연결음이 흘러나왔다.

투덜이 엄마가 휴대전화 벨소리에 가방에서 휴대전화를 꺼냈다.

"어머? 먹돌이 엄마 아냐? 무슨 일로 나한테 전화를 다 했지? 여보세요?"

"저, 나야……."

"알아, 과속 대마왕! 그러다가 사고라도 나면 어쩌려고 그렇게 계속 추월을 해!"

"뭐? 너네도 계속 추월했으면서 과속 대마왕이라니? 그럼 너는 과속 대대대마왕이다, 쳇!"

"아무튼 왜 전화한 거야?"

"그, 그게……."

먹돌이 아빠가 심각한 얼굴로 재촉했다.

"먹돌이 엄마, 딴소리하지 말고 어서 말해! 어서!"

먹돌이 엄마가 마지못해 투덜이 엄마에게 사정을 이야기했다.

"투덜이 엄마, 우리 차 브레이크가 고장 났어. 속도를 좀 맞춰서 차 좀 붙였으면 좋겠어!"

"뭐? 브레이크가 고장 났다고? 그럼 정중하게 부탁해야지! 도와 달라고, 안 그래?"

"뭐, 정중하게? 참나, 됐어! 도와주지 마!"

먹돌이 엄마는 홧김에 전화를 끊었다. 먹돌이 아빠는 그런 아내를 보자 화가 났다.

"지금 싸울 때가 아니라고! 아직도 모르겠어? 정신 차려! 당장 다시 전화해서 부탁해!"

"당신은 왜 나한테만 뭐라고 그래? 투덜이 엄마가 자꾸 화나게 하는데 어떡해!"

"일단은 이 일부터 해결하고 싸우든지 말든지 하라고!"

먹돌이 엄마가 하는 수 없이 다시 전화를 걸었다.

"투덜이 엄마, 부탁이야. 상황이 좀 급해서 그래. 차 좀 붙여 줘!"

"쳇! 싫은데?"

투덜이 엄마가 전화를 끊어 버렸다.

"투덜이 아빠, 빨리 가요!"

"무슨 일인데?"

"아무 일도 아니에요."

앞서 달리던 투덜이네 차가 속도를 더 내었다.

그런데 뒤따르던 먹돌이네 차가 그만 커브 길에서 벽과 충돌하고 말았다. 먹돌이네 가족은 다행히 크게 다치지는 않았지만 모두 병원에 입원을 했다. 먹돌이 엄마는 도움을 요청했지만 거절했던 투덜이네를 물리법정에 고소했다.

두 차를 서로 붙이면 질량만 증가한 상태가 되므로
한 대일 때보다는 가속도가 작지만 앞 차의 브레이크를
이용하여 차를 모두 멈추게 할 수는 있습니다.

두 차를 서로 붙이면 두 차가 동시에 멈출 수 있을까요?

물리법정에서 알아봅시다.

 재판을 시작합니다. 피고 측, 변호사 변론하세요.

 이 고소는 말이 안 됩니다. 원고 측 자동차를 일부러 박아 사고를 낸 것도 아닌데 왜 고소를 당해야 하지요? 게다가 원고 측에 대한 감정도 별로 좋지도 않은데 도움을 청하는 것도 너무 우습군요. 그냥 모른 체 지내죠.

 물치 변호사가 생명에 위협을 느끼는 긴급한 상황에서 도움을 청할 곳은 별로 내키지 않은 피즈 변호사밖에 없다면 어떻게 할 것 같습니까? 그냥 자존심 지키며 죽음만 맞이하고 있겠어요?

 그, 그건…… 생각해 봐야겠는데요.

 생각하고 있을 시간이 그리 많지는 않을 텐데요.

 그런 상황이라면 어떻게 돕는다는 거죠? 고장 난 브레이크를 고쳐 줄 수도 없을 테고 달리는 자동차를 손으로 잡을 수도 없는걸요.

 원고 측 변론도 들어 봐야겠군요. 원고 측, 변론하세요.

 위험에 빠진 이웃을 버리고 가 버린 피고는 정말 이기적이라고 봅니다. 그리고 도울 방법이 왜 없단 말입니까? 충돌 사고를 막을 수 있는 방법에 대해 브레이크과학개발팀의 노충돌 팀장님을 모시고 말씀 들어보도록 하겠습니다.

고정이 너무도 잘되는 찍찍이 신발을 신고 찌익찌익 소
리를 내며 50대의 남자가 증인석에 앉았다.

이번 충돌 사고에 대해 충분히 예방할 수 있었다고 보십니까?

벽과의 충돌은 충분히 예방할 수 있었습니다. 앞서 가던 차와 뒤따르던 브레이크가 고장 난 차의 속도를 비슷하게 맞추고, 뒤쪽의 차와 앞쪽의 차를 조심스럽게 붙이면 두 자동차는 하나의 물체가 되어 단지 질량만 증가한 상태가 되죠. 이때 앞에 있는 자동차의 브레이크는 정상이므로 브레이크를 밟아 정지시킨다면 멈출 수 있었을 겁니다. 물론 같은 크기의 마찰력으로 브레이크를 밟는다면 자동차가 하나일 때보다 가속도가 작아 천천히 멈추게 되겠죠. 이렇게 멈추면 브레이크가 고장 난 자동차에 있던 사람들이 혹시 부상을 입더라도 경미한 부상에 그칠 수 있습니다.

충분히 예방할 수 있었던 사고라 더욱 안타까운 마음이 드는데요, 주위에 도움을 필요로 하는 사람이 있다면 친분을 떠나 도움의 손길을 줄 수 있는 넓은 아량을 가지도록 해야겠습니다. 충분히 사고를 막을 수 있었음에도 불구하고 도울 생각이

없어 속도를 내어 가 버린 피고 측에 대해 경고장을 요구하는
바입니다.

 피고 측은 깊이 반성하고 앞으로 이런 일이 없도록 해야겠습니다. 자동차 브레이크가 고장 나지 않도록 매월 4일을 자동차 검사일로 정하도록 하겠습니다. 교통 기지국에서는 자동차 사고에 대비한 자동차 안전 교육을 실시하는 방안을 검토하십시오.

🧑 **마찰력**

마찰력에는 정지 마찰력과 운동 마찰력이 있다. 정지 마찰력은 물체에 힘을 작용했는데 물체가 움직이지 않을 때의 마찰력이고, 운동 마찰력은 운동 중인 물체에 작용하는 마찰력이다. 브레이크를 걸면 운동 마찰력을 받아 물체의 속도가 점점 줄어들어 멈추게 된다.

가속도

차를 타고 서울 시내를 드라이브한다고 생각해 봅시다. 도로에 차가 별로 없으면 여러분의 차는 쌩쌩 달릴 것이고 여러분의 차의 속도는 큽니다. 그런데 길이 꽉 막히면 그럴 때 차는 아주 조금씩 움직이고 그럴 때 속도는 작습니다.

이렇게 일정 시간 동안 속도가 얼마나 변했는가를 따지기 위해 가속도라는 물리량을 도입합니다. 가속도도 평균 가속도와 순간 가속도로 정의될 수 있습니다. 그러니까 어떤 시각으로부터 아주 짧은 시간 동안의 평균 가속도를 그 시각의 '순간 가속도'라고 합니다.

가속도의 공식을 소개하기 전에 먼저 가속도에 대해 알아보기로 합시다.

자동차와 트럭이 정지해 있다가 자동차는 2초 후에 속도가 20m/s로 되었고 트럭은 5초 후 25m/s가 되었습니다. 두 경우 속도의 변화 Δv(나중 속도-처음 속도)를 구해 봅시다.

자동차: $\Delta v = 20 - 0 = 20\text{m/s}$

트럭: $\Delta v = 25 - 0 = 25\text{m/s}$

트럭이 더 빠른 속도에 도달했으니까 트럭의 평균 가속도가 더 클까요? 그렇지 않습니다. 두 차가 어떤 속도에 도달하는 데 걸린 시간이 다르기 때문에 속도의 변화만으로 비교하는 것은 공평하지 않습니다. 그래서 같은 시간 동안 속도의 변화를 비교하는 물리량이 필요한데 그것이 바로 '가속도'입니다.

시간 Δt동안 물체의 속도의 변화가 Δv일 때 물체의 평균 가속도 a는 다음과 같이 정의할 수 있습니다.

● 평균 가속도 $= \dfrac{\text{속도 변화}}{\text{시간}}$

$$a = \frac{\Delta v}{\Delta t}$$

두 차의 평균 가속도를 구해 봅시다.

자동차: $a = \dfrac{20-0}{2} = 10 \text{m/s}^2$

트럭 : $a = \dfrac{25-0}{5} = 5m/s^2$

그러므로 자동차의 평균 가속도가 더 큽니다.

가속도의 방향

속도의 방향은 물체가 움직이는 방향입니다. 그렇다면 가속도의 방향도 물체가 움직이는 방향일까요? 확인해 봅시다.

처음에 정지해 있다가 3초 후 12m/s의 속도가 되는 버스의 평균 가속도를 구해 봅시다. 버스가 오른쪽으로 움직인다고 하면, 속도의 방향은 오른쪽입니다.

이때 평균 가속도는 $a = \dfrac{12-0}{3} = 4m/s^2$입니다. 이번에는 12m/s

의 속도로 달리던 버스가 3초 후에 멈추는 경우를 볼까요 역시 버스는 오른쪽으로 움직이고 있습니다.

이때 평균 가속도는 $a = \dfrac{0-12}{3} = -4\text{m/s}^2$입니다. 가속도가 음수가 되었군요.

오른쪽 방향을 (+)방향으로 택했으니까 음수인 가속도의 방향은 왼쪽 방향입니다. 그러므로 다음과 같이 결론 내릴 수 있습니다.

● 물체의 속도가 증가하면 가속도의 방향은 물체가 움직이는 방향이다.

● 물체의 속도가 감소하면 가속도의 방향은 물체가 움직이는 방향과 반대이다.

물론 위의 사실은 물체가 일직선을 따라 움직일 때만 성립합니다.

운동 법칙

지금까지 힘이 물체의 운동의 원인이라는 얘기를 했습니다. 즉 물체가 힘을 받으면 속도가 변한다는 것입니다. 속도가 변하면 가속도가 생기지요? 아하, 힘과 가속도 사이에 어떤 관계가 있군요.

처음에 정지해 있던 소형차를 작은 힘으로 밀고 1초 후의 자동차의 속도를 재어 봅시다. 작은 힘으로 밀 때는 1초 후의 차의 속도가 작을 것입니다. 이번에는 좀더 큰 힘으로 밀어 봅시다. 1초 후의 속도가 더 커질 것입니다. 처음 정지해 있다가 1초 후 속도가 더 커진다는 것은 가속도가 커진다는 것을 말합니다.

$$1초\ 동안의\ 가속도 = \frac{(1초\ 후\ 속도) - 0}{1}$$

따라서 물체에 작용하는 힘이 클수록 물체의 가속도가 커진다는 것을 알 수 있습니다. 힘을 F, 가속도를 a라고 하면 다음과 같이 정의할 수 있습니다.

● **물체의 질량이 일정할 때 힘은 가속도에 비례한다.**

$F \propto a$ ⋯⋯⋯⋯(1)

이번에는 똑같은 힘을 두 개의 서로 다른 물체에 작용해 봅시다. 예를 들어 같은 힘으로 가벼운 소형차를 밀 때와 무거운 트럭을 밀고 1초 후의 속도를 비교해 보는 것이죠.

소형차의 1초 후의 속도는 크지만 트럭의 경우는 작을 것입니다. 즉 소형차의 가속도가 더 큽니다. 그러니까 같은 힘을 받았을 때 질량이 작을수록 가속도가 크다는 것을 알 수 있습니다. 물체의 질량을 m이라 하면 다음과 같이 정의할 수 있습니다.

● **물체에 작용한 힘이 일정할 때 질량과 가속도는 반비례한다.**

$$m \propto \frac{1}{a} \cdots\cdots\cdots(2)$$

(1)과 (2)를 잘 살펴보면 물체에 작용한 힘은 가속도에 비례하고, 힘이 일정할 때 질량과 가속도는 반비례함을 알 수 있습니다.

$F = ma$

이때 질량은 물체가 속도를 변화시키기 싫어하는 정도를 나타내는 양입니다. 물체의 이러한 성질(속도 변화를 싫어하는 성질)을 관성이라고 하니까, 질량이 클수록 관성이 커진다는 것을 알 수 있습니다.

F=ma를 다른 말로 뉴턴의 운동 제2법칙이라고 부릅니다. 이 식을 이용하면 많은 물리 문제를 쉽게 해결할 수 있습니다. 여기서 한 가지 더 알아 두어야 할 게 있습니다. 물체에 여러 개의 힘이 작용할 때 F는 작용한 힘들의 합력이라는 점입니다.

그러므로 물체에 여러 힘이 작용했지만 합력이 0이 되어 물체에 힘이 작용하지 않을 때도 있습니다. 이때 물체에 작용한 힘들이 평형을 이룬다고 말합니다.

제4장

작용과 반작용에 관한 사건

작용 반작용 원리① - 자석으로 차를 움직인다고요?

작용 반작용 원리② - 바퀴 없는 차

작용 반작용 원리③ - 자갈섬 탈출

반작용과 충격력 - 수영장에 스펀지를 붙이면 어떻게 턴을 해요?

작용 반작용의 응용 - 60킬로그램까지만 통과하는 다리

자석으로 차를 움직인다고요?

자석으로 자동차를 움직이려면 어떤 조건이 필요할까요?

구두쇠 씨는 오늘도 어김없이 자전거를 타고 출근을 했다.

회사 앞에서 구두쇠 씨를 만난 직장 동료.

"구 과장, 아직도 낡은 자전거를 타고 출근하나? 처음 입사할 때랑 변함이 없구먼, 허허."

구두쇠 씨는 머쓱해하며 자전거를 회사 앞에 세웠다. 출근하던 부하 직원들이 구두쇠 씨를 알아보고 인사하기도 했다.

그런데 자전거에 자물쇠를 채우고 있는 구두쇠 씨 등 너머로 직원들의 속닥거리는 소리가 들렸다.

"구 과장님 자전거 말이야, 완전 짐자전거 아냐? 고물인 것 같은데 굴러다니는 것 보면 신기해. 흐흐흐."

"그러게, 자동차 회사 과장 정도 되면 차는 못 사도 자전거라도 제대로 된 걸 가지고 있어야 하는 것 아냐? 낡다 못해 녹까지 슬어 있잖아…… 우리 회사 이미지도 있는데, 정말 자린고비가 따로 없어! 저번에는 외부에서 열리는 회의에 참석하는데 저 자전거를 굳이 끌고 가는 거야. 뭐라고 할 수도 없고 창피해서 혼났어."

얼굴이 빨갛게 달아오른 구두쇠 씨가 그 자리를 얼른 빠져나가기 위해 열쇠를 돌렸다. 그런데 급하게 돌린 탓인지 열쇠가 잘 잠기지 않았다.

'에잇! 내가 이놈의 자전거를 버리든지 해야지!'

구두쇠 씨는 사무실에 올라와 자리에 앉았지만 일에 집중할 수 없었다.

'자, 린, 고, 비.'

회사 앞에서 들었던 여직원의 목소리가 머릿속에서 메아리치기 때문이었다.

'참나, 누가 자동차를 못 사서 그러나. 유지비가 얼마나 많이 드는데. 기름 값에 주차비에다가 또 잘못하면 벌금까지 내야잖아. 그 돈이 얼만데…….'

"구 과장님! 구 과장님!"

"응?"

"무슨 생각을 그렇게 골똘히 하세요? 여기 결재 서류요."

"아니에요. 두고, 가서 일보세요."

'신경 쓰지 말아야지.'

하지만 자꾸 신경이 쓰였다. 모든 사람들이 자신을 보고 비웃는 것만 같았다.

점심시간이 되자 구두쇠 씨는 어김없이 사내 식당으로 발걸음을 옮겼다.

"오늘은 뭘 먹지? 제일 싼 메뉴가……."

구두쇠 씨는 메뉴판에서 가장 저렴한 음식을 찾느라 두리번거렸다.

그리고 자리에 앉아 밥을 먹으려는 찰나, 식당 안에 틀어 놓은 텔레비전에서 흥분한 아나운서의 목소리가 흘러나왔다.

"자동차의 새로운 혁명이 일어날 것 같습니다. 최근 한국대학교의 유명한 교수는 자석으로 움직이는 차를 발명했다고 합니다. 유 교수의 원리에 의하면 차를 탄 사람이 차 위에 올라가서 낚싯줄에 매달린 자석을 차 앞에 가져다 대면 자동차가 당겨지게 되어 값비싼 석유 없이 자동차를 움직일 수 있다는 것인데요. 현재 자동차 학회에서는 이 논문에 많은 관심을 보이고 있습니다. 만약 이 자석 자동차가 실생활에 사용된다면 우리나라와 같은 기름이 한 방울도 안 나는 나라에서는 엄청난 외화를 줄일 수 있겠네요. 정말 기대가 됩니다."

구두쇠 씨의 눈이 순간 번쩍 빛났다.

그때 옆 테이블에 앉아 밥을 먹던 사원들의 이야기 소리가 들렸다.

"야, 저게 말이 되냐? 자석으로 차가 움직여? 쳇, 무슨 만화도 아니고! 저걸 믿냐?"

"나는 가능하다고 보는데. 잘만 만들면 움직일 수도 있지 않을까?"

"야야, 그럼 네가 직접 만들어 봐. 움직이면 내가 평생 밥 살게, 하하."

옆 자리의 이야기를 듣고 있던 구두쇠 씨의 표정이 사뭇 진지해졌다.

'자석을 낚싯줄에 매달면……, 자석으로 차가 간다면 기름 값 걱정 없이 유지비도 거의 안 들겠는걸. 좋아!'

구두쇠 씨는 업무 시간이 끝나자 낡은 자전거를 타고 친구가 운영하는 카센터로 향했다. 그리고 친구에게 유 교수의 논문이 실린 학회지를 보여 주었다.

"자, 이대로 만들어 주게."

친구가 어리둥절해하며 구두쇠 씨가 내민 학회지를 받아 들고 대충 읽었다.

"뭐? 지금 나더러 자석으로 움직이는 차를 만들라고? 이 친구가 실성이라도 한 거야? 농담하지 마!"

"농담이 아니야. 일단 자동차가 한 대 필요한 건가?"

구두쇠 씨의 진지한 표정을 본 친구가 망설이며 말했다.

"으응, 여기 논문을 보나 마나 그런 차를 만들자면 일단 자동차가 있어야겠지."

"알았어, 내가 내일 필요한 물건을 가지고 다시 찾아오도록 하겠네."

집에 도착한 구두쇠 씨가 결의에 찬 표정으로 아내에게 통장을 가져오라고 했다.

구두쇠 씨의 아내가 의아해하며 물었다.

"통장은 왜 찾아요? 무슨 일 있어요?"

"우리 자동차 한 대 살까?"

아내의 얼굴이 환해지며 입이 귀에 걸렸다.

"자동차? 호호호. 드디어 우리도 자동차를…… 당신 같은 짠돌이가 웬일로 그런 기특한 결심을 했소? 호호호."

"짠돌이는 무슨…… 내가 내일 멋진 자동차를 보여 줄게. 기대해."

다음 날, 구두쇠 씨는 거금을 들여 중고차 한 대를 구입해서는 카센터로 끌고 갔다.

구두쇠 씨의 친구가 정말 차를 가지고 나타난 구두쇠 씨에게 황당하다는 듯이 말했다.

"자네…… 정말 그 차를 만들 작정이야?"

"내가 농담이라도 하는 줄 알았나? 어서 서둘러 만들어 보세."

친구와 카센터 직원들은 모두 모여 논문을 유심히 살펴보았다. 그러고는 구두쇠 씨의 차에 논문에 나온 방법대로 자석을 설치하기 시작했다. 몇 시간의 고생 끝에 논문과 같은 차가 만들어졌다.

감격에 벅찬 구두쇠 씨가 차에 올라탔다.

"어라, 이게 왜 안 되지?"

차는 꼼짝도 하지 않았다. 차에서 내려 논문을 다시 꼼꼼히 살펴보았다. 직원들도 모두 논문과 똑같이 했다고 대답했다.

구두쇠 씨의 친구가 말했다.

"우리는 여기 나온 대로 했는데…… 논문이 잘못된 게 아냐? 괜히 멀쩡한 차만 지저분하게 망쳐 놓은 것 같은데. 지금이라도 다시 원래대로 복구해 볼까?"

구두쇠 씨의 귀에는 친구의 말이 들리지 않았다.

'뭐야, 그럼 자동차도 괜히 샀잖아. 내 돈…….'

구두쇠 씨는 화가 나 자동차 학회지를 들고 유명한 박사를 찾아갔다.

"이봐, 당신이 말한 대로 했는데 차가 전혀 움직이질 않는다고! 당신 논문만 믿고 차까지 샀단 말이야. 이건 사기야, 사기라고! 지금 당장 물리법정에 고소하겠어!"

유명한 박사가 불쾌한 표정으로 대꾸했다.

"당신이 차를 잘못 만들었겠지! 내 이론이 틀릴 리가 없다고! 논문은 완벽해!"

자동차를 끌기 위해서는 자동차 밖에 있는 힘인
외부력을 이용해야 합니다.

자동차에 자석을 매달아 자동차를 끌 수 있을까요?
물리법정에서 알아봅시다.

지금부터 연료 없이 작동하는 자동차에 대한 소송을 시작하겠습니다. 피고 측, 변론하세요.

아, 피곤하다. 소송을 너무 많이 해서 정신을 차릴 수가 없군요. 판사님은 괜찮으세요?

물치 변호사는 변론도 얼마 하지 않으면서 웬 엄살이에요? 어서 변론이나 하세요.

어이쿠, 알겠습니다. 유명한 교수님의 논문은 완벽합니다. 자동차는 철과 같은 금속으로 이루어져 있기 때문에 자석으로 당기면 당연히 끌려가지 않겠습니까? 자동차가 움직이지 않는 것은 자동차를 잘못 만들었기 때문이라고요.

음…… 물치 변호사의 말이 맞을지도 모른다는 생각이 들지만, 아무래도 원고 측 변론을 들어봐야겠죠.

윽, 그렇긴…… 하죠. 쳇.

이번에는 제가 변론하겠습니다. 자동차가 금속으로 되어 있어 자석의 강도가 세다면 끌려올 것이라는 예상은 누구나 할 수 있습니다. 하지만 어디서 끌어당기는지가 중요합니다.

🧟 어디서 끌다니요?

🧟 논문에서 낚싯줄에 자석을 매달아 자동차를 당기는 사람은 자동차 위에 탔고 있어야 한다고 했는데요, 자동차에 타고서는 절대 자동차를 당길 수 없습니다. 자세한 설명을 위해 자기학 실험연구소의 전자석 박사님을 모시겠습니다.

🧟 요구를 받아들이겠습니다.

철로 만든 듯한 옷을 입고 자석 액세서리를 붙이고 나온 40대 후반의 남자가 몸이 약간 무거워서인지 종종걸음으로 증인석까지 걸어왔다.

😠 피고의 논문이 옳습니까?

😠 아닙니다. 변호사님 말씀처럼 자석이 자동차를 끌 수 있습니다만 자동차 위에 탄 사람은 절대 자석으로 자동차를 움직이게 할 수 없습니다. 자동차에 탄 사람은 자동차와 한 몸이나 마찬가지이므로 자동차와 사람은 한 물체가 됩니다. 그러면 사람과 자동차에서 나오는 힘은 내부의 힘, 즉 '내부력'이 되는 것이죠. 내부력은 서로 상쇄되어 없어지므로 물체를 끌 수 없습니다. 자동차를 끌기 위해선 '외부력'이 필요한데요, 만약 자동차 밖에 있는 사람이 강력한 자석을 자동차 앞으로 가져가면 자기력이 외력의 역할을 하게 되어 자동차가 끌려올

것입니다. 자동차 앞에서 누군가가 자석으로 계속 끌어 주어야 하므로 연료 없이 자석으로 움직이는 자동차는 아직 성공적이라고 말할 수 없습니다.

하마터면 피고 측 변호사의 말이 옳다고 생각하는 사람들이 나올 뻔했군요. 피고는 원고가 자동차를 만든 데 사용한 비용에 대한 손해배상을 해야 할 것입니다. 그리고 이 논문은 인정할 수 없으므로 재검토되어야 합니다.

원고 측 변호사의 말을 인정해야겠군요. 또 다른 피해자를 막기 위해서라도 빠른 시일 내에 논문을 회수하십시오. 그리고 피고는 자동차를 제작하는 데 사용된 경비를 지불하도록 하십시오. 원고는 절약도 좋지만 이번과 같은 사건이 일어나지 않고 사람들과 더불어 살아가기 위해 절약도 적당하게 할 것을 권합니다.

 자석

자석은 영어로 '마그넷'이라고 한다. 이것에 대해서는 자석을 처음 발견한 양치기 소년의 이름이 마그네스라고 해서 자석을 마그넷이라고 불렀다는 얘기가 있다. 이 소년이 쇠붙이로 된 지팡이를 들고 이 나라 저 나라를 돌아다니다가 지팡이를 끌어당기는 이상한 돌을 발견했다고 하는데 그게 바로 자석이었다고 한다.

바퀴 없는 차

수륙 양용차를 움직일 수 있게 하는
초강력 강풍기의 운동 원리는 무엇일까요?

이디슨 씨는 여행을 좋아하는 발명가다. 그는 이번에 '그래도'를 여행하기로 했다.

그래도는 보통 섬과 비교가 되지 않을 정도로 크고, 또 그만큼 볼거리가 풍성했기 때문에 이디슨 씨가 꼭 한번 가 보고 싶어했던 섬이다.

이디슨 씨는 아침부터 분주하게 짐을 챙겼다.

옆집 사는 박명가 씨가 이디슨 씨에게 물었다.

"디슨 씨, 이사 가세요?"

이디슨 씨가 자신의 차 트렁크에 짐을 쑤셔 넣으며 대답했다.

"아니요, 여행 갑니다."

이디슨 씨의 짐은 박명가 씨가 이사 가냐고 물을 정도로 많았다. 산타클로스 주머니만 한 짐 가방이 무려 일곱 개나 됐으니 말이다. 너무 많은 짐으로 차 트렁크가 닫히지 않을 지경이었다. 이디슨 씨는 짐들을 차 뒤 칸과 트렁크에 억지로 쑤셔 넣고 문을 닫았다. 그리고 선착장으로 차를 몰았다.

"자리가 없습니다!"

선장의 말은 이디슨 씨에게 청천벽력과 다름없었다.

이디슨 씨가 선장을 붙잡고 물었다.

"자리가 없다니, 그게 정말입니까?"

"그렇다니까요! 오늘은 더 이상 배가 뜨지 않을 예정이니 모두들 돌아가시오!"

"안 됩니다. 그럴 수 없어요! 저는 12월 19일 아침 10시 20분 10초에 그래도로 가기로 계획했단 말입니다! 이럴 순 없어!"

이디슨 씨는 평소 자기 관리가 아주 철저한 사람으로 자신의 계획이 흐트러지는 것을 용납하지 못했다. 12월 19일 아침 10시 20분 10초에 그래도 섬으로 가기로 계획했으면 무슨 일이 있어도 가야 하는, 정신병에 가까운 강박 관념이 있었다.

"배가 안 뜬단 말이지! 그럼 내가 배를 만들지!"

이디슨 씨는 자신의 차를 몰아 다시 집으로 갔다. 그러고는 방에 틀어박혀 땅과 물 위를 자유롭게 다닐 수 있는 수륙 양용차 발명에 들어갔다.

이디슨 씨는 종이 위에다 이것저것을 그려 설계도를 완성해 나가기 시작했다.

"그래, 이건 이렇게…… 저건 저렇게! 요건…… 요렇게?"

다음 날, 오후 7시 이디슨 씨의 수륙 양용차 설계도가 완성되었다. 그는 그 설계도를 들고 밖으로 뛰쳐나갔다.

이디슨 씨가 찾아간 곳은 다음 아닌, 박명가 씨의 집이었다. 이웃인 박명가 씨는 자동차 회사의 설계 직원이었다.

똑, 똑, 똑.

"누구십니까?"

박명가 씨의 목소리였다.

"예, 이웃사촌 이디슨입니다."

"아 네, 디슨 씨! 잠시만 기다려 주십시오!"

박명가 씨가 놀란 표정을 하고 물었다.

"들어오세요, 디슨 씨! 여행 가신다더니 어떻게 된 겁니까?"

"말도 마세요. 배가 없어서 못 갔지 뭡니까! 이런 황당한 경우가 어디 있습니까? 모든 준비가 완벽했는데 배 하나 때문에 여행이 취소되다니요!"

박명가 씨가 유감스럽다는 말을 했다.

"아! 그런 일이 있었군요. 뭐라 말씀을 드려야 할지…… 매우 유감스럽습니다."

"그래서 말인데…… 제가 말이지요, 밤을 새워 수륙 양용차를 발명했습니다."

이디슨 씨는 무슨 국가 기밀이라도 공개하는 듯, 박명가 씨의 귀에 대고 소곤소곤 말했다. 또 그 말을 들은 박명가 씨는 무슨 국가 기밀이라도 들은 양 화들짝 놀랐다.

"아니! 그게 정말입니까! 오, 신이시여! 세상에 이런 일이!"

이디슨 씨가 겨드랑이 사이에 끼워 왔던 설계도를 펼쳐 보였다.

"이겁니다."

이디슨 씨와 박명가 씨는 밤새 그 설계도에 경의를 표하며 이야기꽃을 피웠다.

다음 날, 박명가 씨는 이디슨 씨의 설계도를 들고 회사에 출근했다. 그는 사장에게 이디슨 씨의 수륙 양용차 생산에 관한 건의를 했다.

"사장님, 이 설계도는 저희 이웃사촌 이디슨 씨가 설계한 것입니다. 이디슨 씨는 이번에 육지와 물 위를 모두 다닐 수 있는 수륙 양용차를 발명했습니다. 어제 밤, 긴 토론을 거친 결과 수륙 양용차의 설계는 완벽에 가까웠습니다. 일단 생산만 된다면, 그로 인한 수익 창출은 어마어마할 것으로 기대됩니다."

박명가 씨의 장황한 설명을 들은 사장님은 귀가 솔깃한 눈치였다.

"그래? 그런 자동차의 생산이 정말 가능하단 말이지?"

"그렇고말고요!"

"그렇다면 더 말할 것이 뭐 있나? 당장 생산에 들어가게!"

사장님은 박명가 씨의 제안을 흔쾌히 받아들였다.

그날부터 박명가 씨의 자동차 회사에서는 이디슨 씨의 설계도를 실물로 만드는 작업이 진행되었다. 모든 과정은 순조로웠다.

그러던 어느 날, 생산 작업장에 있던 생산직 노동자가 사장실 문을 두드렸다.

"무슨 일인가?"

"사장님, 저는 생산 라인에서 바퀴 장착을 담당하고 있는 한바퀴입니다. 제가 사장님을 찾은 이유는 이번 수륙 양용차 설계도에 바퀴가 없어서입니다."

한바퀴 씨는 부끄러운 듯이 양 볼을 붉힌 채 말했다.

"아니, 그럴 리가! 자동차에 바퀴가 없을 리가 있나! 박 실장은 분명 설계도가 완벽하다 했는데…… 어디 설계도 한번 봅시다."

한바퀴 씨는 사장에게 설계도를 내밀었다. 한바퀴 씨의 말대로 설계도에서는 바퀴를 찾아볼 수 없었다. 자동차의 뒤쪽에 초강력 강풍기가 설치된다는 내용만 나와 있었다.

"바퀴 없는 자동차가 말이 되나!"

사장은 주머니에서 볼펜을 꺼내, 설계도 위에다 바퀴를 슥슥 그려 댔다.

"이렇게 하면 되겠습니까?"

사장은 바퀴가 그려진 설계도를 한바퀴 씨에게 건넸다.

"네! 고맙습니다!"

바퀴가 그려진 설계도를 받은 한바퀴 씨는 매우 만족한 표정으로 사장실을 나왔다. 한바퀴 씨에게도 할 일이 생겼기 때문이다.

이런저런 우여곡절을 거쳐 드디어 수륙 양용차가 완성되었다. 수륙 양용차가 만들어지기만을 손꼽아 기다리던 이디슨 씨는 이제 자신의 차로 그레도에 여행 갈 수 있다는 생각에 한껏 들떴다.

"명가 씨, 수고하셨습니다."

이디슨 씨는 박명가 씨의 자동차 회사로 향하는 차 안에서 감사의 인사를 전했다.

"아이고, 무슨 말씀을! 이디슨 씨 덕분에 우리 회사의 수익이 껑충 뛰게 생겼는데 저희가 고개 숙여 감사드려야지요!"

차 안에는 하하 호호 웃음꽃이 만발했다. 그들은 잠시 후 닥쳐올 검은 그림자를 전혀 예상하지 못했다.

"이디슨 씨, 이겁니다!"

박명가 씨가 자랑스럽게 수륙 양용차를 소개했다. 그러나 수륙 양용차를 본 이디슨 씨의 얼굴은 조금씩 일그러졌다.

이디슨 씨가 수륙 양용차의 바퀴를 가리키며 소리쳤다.

"아니, 이게 뭡니까! 왜 여기 바퀴가 달려 있는 거죠?"

사장이 이디슨 씨를 향해 넉살 좋게 웃음 지었다.

"이디슨 씨가 뭔가 착각 하신 것 같아 제가 바퀴를 그려 넣었지요. 바퀴 없는 자동차가 어떻게 움직입니까? 허허허."

그러나 이디슨 씨는 사장님처럼 웃을 기분이 아니었다. 자신의 그래도 여행이 다시 무산되게 생겼기 때문이다.

"수륙 양용차에는 바퀴가 없다고요!"

이디슨 씨는 자신의 머리를 쥐어뜯으며 자동차 회사를 뛰쳐나갔다. 그리고 마음대로 자신의 설계도를 고친 사장을 물리법정에 고소해 버렸다.

작용과 반작용의 원리를 활용하면 초강력 강풍기를
사용하여 강력한 바람을 뒤로 보내면서
물체가 앞으로 이동하게 됩니다.

바퀴 없는 자동차가 정말 가능할까요?
물리법정에서 알아봅시다.

 재판을 시작하겠습니다. 피고 측, 변론하세요.

 세상에 바퀴 없이 가는 자동차가 있을 법한 말입니까? 자동차의 생명인 바퀴를 빼다니요! 그게 자동차 족보에 낄 수나 있겠어요? 그럼 방아쇠 없는 총도 총이겠네요. 바퀴 없으면 가지도 못하고 무용지물이 될 것인데 오히려 고마워해야 하는 게 아닌가요? 고소가 웬 말입니까?

 바퀴가 없어도 제대로 잘 가면 자동차겠네요?

 음, 그건…… 글쎄, 불가능하다니까요.

 가능한지 불가능한지 원고 측의 변론을 들어 보겠습니다.

 수륙 양용차를 기획하고 설계를 한 사람은 이디슨 씹니다. 설계자의 동의 없이 바퀴를 마음대로 장착한 건 엄연히 불법이며 원래 의도와 너무도 차이 나는 결과를 낼 것이므로 손해 배상을 해야 합니다. 이에 이디슨 씨를 증인으로 모실 것을 요구하는 바입니다.

 그렇게 하도록 하세요. 이디슨 씨는 증인석으로 나오세요.

자신의 설계도를 마음대로 바꿔 버린 자동차 회사 사장에게 화가

많이 난 이디슨 씨는 불그레한 얼굴에 입이 불룩 튀어나와
있다.

🧑 자동차에 일부러 바퀴를 넣지 않은 데는 이유가 있습니까?

🧑 바퀴가 필요하지 않아서 넣지 않은 겁니다. 바퀴로 가는 자동
차가 아니니 바퀴가 필요 없는 건 당연하지요.

🧑 바퀴가 필요하지 않다고요? 그러면 그 자동차는 어떤 원리로
움직이나요?

🧑 바퀴가 없는 대신 자동차 뒤쪽에 초강력 강풍기를 설치했습니
다. 초강력 강풍기는 강력한 모터가 있어 굉장히 센 바람을 만
들어 내고 이 바람이 뒤쪽으로 공기를 밀어내면 공기 또한 강
풍기가 달린 자동차를 밀어 주게 됩니다. 이렇게 한쪽이 다른
쪽을 밀 때 상대방도 밀어내거나 혹은 서로 당기는 현상을 '작
용반작용의 원리' 라고 합니다. 작용반작용의 원리로 자동차는
앞으로 진행할 수 있는데 불필요한 바퀴를 설치할 이유가 없
었습니다.

🧑 작용 반작용 원리가 적용된다면 정말 바퀴가 필요하지 않겠군
요. 이디슨 씨의 주장처럼 필요 없는 바퀴를 마음대로 설치한
사장은 바퀴를 제거하고 수륙 양용 자동차를 다시 제작해야
하며 이디슨 씨의 여행이 늦어지는 데 대해 손해 배상을 해야
할 것입니다.

수륙 양용 자동차가 제대로 개발된다면 앞으로 교통계에 큰 파란을 일으키겠군요. 자동차 회사는 빠른 시일 내에 바퀴 없는 자동차를 제작하도록 하십시오. 이디슨 씨의 여행을 늦어지게 한 회사 측은 손해 배상할 것을 판결합니다.

재판이 끝난 후 정부에서는 이디슨 씨처럼 실생활에 쓰이는 편리한 기구들을 개발하는 사람에게 지원금을 지급하기 시작했고, 첫 수혜자는 이디슨 씨가 되었다.

 소화기를 이용한 자동 휠체어

휠체어의 뒤쪽에 소화기를 설치하고 소화기를 열면 이산화탄소 기체가 뒤로 뿜어져 나가면서 휠체어가 앞으로 전진한다. 이것은 풍선을 불어 빵빵하게 한 다음 바람을 불어넣은 구멍을 막지 않은 채로 놓으면 풍선이 작용 반작용의 원리 때문에 앞으로 나아가는 것과 같은 현상이다.

자갈섬 탈출

바닷가에서 멀어진 나룻배를 자갈을 이용해
되돌아가게 하는 방법에는 어떤 원리가 숨어 있을까요?

과학공화국 최남단에 있는 무인도 자갈섬을 향해
작은 통통배 한 척을 스무 명 정도의 사람이 타고
가고 있었다. 이들은 바로 너도나도야구단의 코치
와 선수들이었다.

너도나도야구단은 이번 시즌을 모두 통틀어 1승도 해 보지 못한
꼴찌 야구단이라 구단주가 휴가는커녕 훈련도 보내 주지 않겠다는
것을 겨우겨우 사정해 자갈섬으로 초라하게 전지 훈련을 떠나게 된
것이었다.

"저 자갈섬이 자갈이 그렇게 많아서 자갈섬이라던데, 진짜냐?"

"몰라, 그런가 보지 뭐."

코치가 뒤에서 속닥거리는 강속구 씨와 최고속 씨를 가리키며 소리를 질렀다.

"어이, 거기 둘! 후보 선수 주제에 코치가 얘기하고 있는데 떠들어?"

강속구 씨와 최고속 씨가 잔뜩 기가 죽어서 용서를 빌었다.

"죄송합니다."

두 사람은 너도나도야구단에서도 가장 야구를 못하는 후보 선수들이었다. 경기에 한 번도 나가 보지 못한 상태였던 그들은 끼리끼리 어울린다고 야구단에 입단 한 이후 아주 절친한 사이가 되었다. 사실 이번 훈련에 대해서 두 사람에겐 아무런 귀띔이 없었다. 그런데도 어떻게 알고 쫓아온 두 사람이 코치에게는 눈엣가시와 같았다.

"으이그, 저것들부터 잘라 내야 우리 야구단이 살지……."

배 위의 살벌한 상황과는 다르게 배는 순조롭게 운항해 마침내 자갈섬에 도착했다.

자갈섬은 무인도라 사람의 흔적은 찾아볼 수 없었고 모래사장을 지나자 곧장 넓은 자갈밭이 나왔다.

"우와, 섬 이름처럼 자갈이 널렸구나, 널렸어."

"자, 지금부터 한 시간 동안 텐트를 치고 점심을 먹은 다음 훈련을 시작한다. 실시!"

"실시!"

선수들은 코치의 지시에 따라 다들 일사분란하게 움직이며 텐트를 치고 불을 피웠다.

하지만 강속구 씨와 최고속 씨는 몰래 빠져나가 자갈밭을 돌아다녔다.

"여기 자갈들은 온통 둥글둥글한데. 던지기 좋게 생겼어."

"누가 야구 선수 아니랄까 봐. 히히, 그러고 보니 정말 그러네."

순간 강속구 씨가 눈을 반짝이며 말했다.

"우리 이럴 게 아니라 몰래 따로 연습할까?"

"그게 무슨 말이야?"

"어차피 코치님은 잘하는 선수들만 봐 주고 우리는 거의 신경 써 주지도 않잖아. 그러니깐 우리끼리 따로 훈련을 하자는 말이지."

최고속 씨가 비웃으며 대꾸했다.

"이 멍청아, 코치님이 우리를 신경 쓰지 않는다고 우리가 빠진 것까지 모르겠냐?"

"누가 지금 당장 빠지자고 했냐? 일단 낮에는 같이 훈련을 하고 나중에 해가 지고 다들 잠들고 나면 우리끼리 이 자갈들을 던지면서 훈련을 하는 거야. 어때, 그럼 괜찮지?"

신이 난 강속구 씨와는 달리 최고속 씨는 계속 망설였다.

"근데 자갈을 던지면 소리가 나서 다들 깰 텐데……."

"그럼 이 자갈들을 배낭에 넣어서 바다로 가지고 가서 던지면 되지. 저 밑에 노 달린 배도 한 척 있으니 저걸 타고 나가면 엔진 소리가 나서 들킬 염려도 없고 아무도 모를 거야. 물속으로 던지니까 소리도 안 나고, 뭍에서 떨어져 있으니 들킬 염려도 없고, 완전 일석이조네!"

너무 신이 난 나머지 큰 소리로 말을 해 버린 강속구 씨의 입을 최고속 씨가 얼른 막았다.

"쉿! 우리가 여기 있다고 광고라도 할 참이니?"

"미안, 내가 너무 흥분을 해서 말이지…… 크크크."

"그래, 그럼 좋아. 나중에 다 잠들고 나면 여기로 다시 오자. 우리도 언제까지 후보 선수로만 뒹굴고 있을 수는 없지. 연습해서 본때를 보여 주자고."

잠시 후 아무 일도 없었다는 듯 강속구 씨와 최고속 씨는 점심식사를 하고 훈련을 했다.

어느새 해가 뉘엿뉘엿 넘어가고 있었다.

"자, 오늘은 여기까지. 다들 점심 때 남겨 두었던 도시락을 먹고 나서 30분 동안 자유 시간을 가진다!"

강속구 씨와 최고속 씨는 서로 눈짓을 해 보였다.

"그 이후에는 한 명도 예외 없이 취침한다. 괜히 딴생각들 하지 말라고."

코치가 옥박지르며 겁을 주고는 자신의 텐트로 향했다.

취침 시간이 되자 강속구 씨와 최고속 씨는 잠을 자는 척하며 기다렸다. 이윽고 사람들의 코고는 소리가 점점 커지자 둘은 벌떡 일어나 미리 자갈들로 채워 놓은 배낭을 메고 배를 향해 살금살금 걸어갔다.

"배낭이 떨어지지 않도록 조심해."

"쉿!"

노를 저어서 얼마쯤 섬과 멀어지자 마침내 두 사람만의 훈련이 시작되었다. 두 사람은 서로 질세라 배낭 안에 있는 자갈들을 바다를 향해 던졌다. 처음에는 배 위라 중심을 잡기 힘들었지만 두 사람은 곧 신이 나 자갈을 던졌다.

최고속 씨가 섬을 향해 돌을 집어던지며 코치에 대한 분풀이를 했다.

"에잇, 악덕 코치 같으니라고! 만날 우리를 못 잡아먹어서 안달이지!"

그렇게 하니 낮 동안의 스트레스가 다 풀리는 것 같았다.

그런데 갑자기 강속구 씨가 놀라며 말했다.

"어, 근데 노가 어디로 갔지?"

"어두워서 그래. 랜턴을 켜고 찾아보자."

"아니, 아무리 찾아봐도 없어. 아까 배가 흔들리면서 떨어져 버렸나 봐."

"그럼 이제 우린 어떻게 해?"

강속구 씨가 겁이 난 나머지 버럭 화를 냈다.

"그걸 내가 어떻게 알아!"

"아니, 이번 일을 먼저 계획한 건 넌데 모르면 어쩌란 말이야? 섬도 이제 안 보이기 시작하는데, 어서 노를 저어 가야 될 게 아냐!"

두 사람은 서로를 비난했다.

강속구 씨가 일단 남아 있던 자갈을 모두 바다에 던져 버렸다. 최고속 씨가 그런 그를 보며 물었다.

"그건 뭐 하러 던져?"

"이거라도 던져야 배가 가벼워질 게 아냐."

최고속 씨가 급한 대로 손으로 노를 젓기 시작했다.

"아유, 내가 애초에 널 따라 나서는 게 아닌데……."

강속구 씨도 일단 방법이 없자 반대쪽에서 손으로 노를 저었다.

두 사람은 해가 떠오르고 나서 한참 만에야 모래사장에 도착했다. 거기에는 코치가 무시무시한 얼굴을 하고 그들을 기다리고 있었다. 하지만 기진맥진한 둘은 코치의 모습에 별 신경을 쓰지 않았다. 대신 최고속 씨가 쓰러지며 자신과 똑같은 상태인 강속구 씨를 향해 외쳤다.

"내가…… 가만두지 않을 거야!"

자갈섬에서 돌아온 후, 최고속 씨는 강속구 씨를 물리법정에 고소했다.

자갈을 던지기 위해 손에 힘을 작용한 만큼
자갈도 손바닥에 힘을 작용시킵니다.

최고속 씨와 강속구 씨에게는 손으로 노를 젓는
방법 말고 다른 방법은 없었을까요?
물리법정에서 알아봅시다.

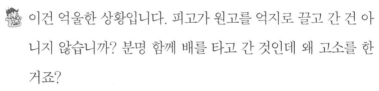

사이좋던 최고속 씨와 강속구 씨는 서로 떨떠
름한 표정으로 각각 원고 측과 피고 측에 앉아
있다.

 재판을 시작하겠습니다. 피고 측, 변론하세요.

🧑 이건 억울한 상황입니다. 피고가 원고를 억지로 끌고 간 건 아
니지 않습니까? 분명 함께 배를 타고 간 것인데 왜 고소를 한
거죠?

🧑 제가 답변을 드리겠습니다. 함께 배를 타고 간 건 사실입니다
만 피고가 배에 실려 있던 자갈을 마음대로 버리지 않았다면
기진맥진하게 되지 않고도 훨씬 빨리 섬으로 돌아갈 수 있었
습니다.

🧑 지금 장난치는 거예요? 노가 없는데 손으로라도 노를 저어야
하는 건 당연한 것 아닙니까? 그러자면 가벼운 게 좋으니까
자갈을 버려야지요. 자갈을 버리지 않고 어떻게 더 빨리 섬으
로 돌아간단 말인지 원…… 그 속을 알 수가 없군.

🧑 물치 변호사, 제발 공부 좀 하시죠? 반작용연구소의 왕파워

박사님을 증인으로 모셔서 손으로 노를 젓는 방법보다 훨씬 효과적인 방법에 대한 설명을 들어 보겠습니다.

피즈 변호사의 말이 끝나기가 무섭게 기다렸다는 듯이 증인석으로 나온 왕파워 박사. 그는 자신의 파워를 자랑이라도 하는 듯이 걸음을 옮길 때마다 쿵쿵거리며 바닥을 발로 미는 듯한 포즈로 걸어와 증인석에 앉았다.

박사님, 이번에 〈작용 반작용의 원리〉라는 논문으로 상까지 받으셨더군요. 축하드립니다. 지금 법정에서 다루고 있는 이 문제도 작용반작용의 원리를 알면 쉽게 풀리는 문제라고 볼 수 있습니까?

물론입니다. 작용 반작용의 문제가 틀림없습니다. 자갈을 던질 때 자갈이 날아가게 하려면 자갈에 힘을 가해야 하지요. 그럴 때 보통 우리는 자갈에 작용하는 힘만을 생각하지만, 반대로 자갈도 손바닥에 힘을 작용합니다. 즉 작용하는 힘과 반대 방향으로 반작용력을 받는데요. 처음에 자갈을 던지는 연습을 할 때 시간이 지나면서 섬으로부터 자꾸 멀어졌던 것은 섬을 향해 던진 자갈에 대한 반작용을 받았기 때문이지요.

시간이 지날수록 자갈이 주는 반작용에 의해서 점점 섬이 까마득하게 보일 정도로 멀어진 것처럼, 섬으로 돌아갈 때도 섬의 반대 방향으로 자갈을 던졌다면 그렇게 힘들이지 않고 섬으로 되돌아갈 수 있었겠네요. 문제는 간단했네요. 강속구 씨가 자갈을 모두 다 바다에 버리지만 않았다면 두 분 다 그렇게 고생할 일은 없었을 텐데, 안타깝습니다.

 자갈을 던지면 반작용력을 받아 반대 방향으로 나아갈 수 있다니, 참 신기하군요. 모르고 있었던 사실입니다. 호수나 바다에 있는 선박의 경고문이나 주의 사항에 작용반작용에 대한 이론을 정리해서 첨가하고 비상시에 응용할 수 있도록 배 한쪽에 자갈 주머니를 비치해 놓도록 하세요.

 총이 총알보다 가벼우면 총을 쏠 때 총과 총알 중 어느 것이 더 많이 움직일까?

물론 가벼운 쪽 총이다. 즉 작용 반작용의 원리에 따라 무거운 총알은 앞으로 조금 나가고 가벼운 총은 뒤로 더 긴 거리를 움직이게 된다.

수영장에 스펀지를 붙이면 어떻게 턴을 해요?

스펀지가 충격을 완화하는 역할을 하는 까닭은 무엇일까요?

최고의 수영 선수를 꿈꾸는 배형만 씨는 오늘도 연습이 한창이다. 수영 실력뿐만 아니라 근육질 몸매에 숯 검댕이 눈썹으로 터프한 매력을 풍기는 그가 물 위로 올라오면 팬들은 그를 보며 하나 둘씩 쓰러지는 일도 있었다.

"어머, 배형만 선수야! 완전 꽃미남…… 너무 멋있다!"

"난 배형만 선수한테 수영 배우는 게 소원이야!"

아가씨들뿐만 아니라 어린아이들, 아주머니들도 그를 좋아했다. 한 꼬마가 그에게 다가갔다.

"아저씨, 사인 좀 해 주세요! 저도 나중에 커서 아저씨 같은 수영 선수가 될 거예요!"

꼬마의 엄마로 보이는 아주머니가 달려와 인사를 하며 말했다.

"동건아, 아저씨가 뭐니? 형이라고 해야지! 잘생긴 형! 호호호호."

배형만 씨가 '살인 미소'를 띠며 사인을 해 주고 있는데 수영 코치가 그에게 다가와 말했다.

"형만아, 네 인기는 여전히 최고구나? 세계수영선수권대회 준비는 잘되고 있니? 이번 대회는 새로 생긴 럭셔리수영장에서 열린대. 새 수영장이라 시설도 최고고. 아무튼 이번에는 반드시 세계 신기록을 세우는 거다, 알았지? 아자, 아자, 파이팅!"

배형만 씨가 문제없다는 듯이 두 주먹을 불끈 쥐고 고개를 끄덕였다.

대회를 일주일 남겨 두고 배형만 씨는 밥 먹고 자는 시간 빼고는 매일같이 수영장에서 살다시피 했다.

대회 전날, 배형만 씨는 마지막 연습을 하고 있었다. 다른 일곱 명의 선수들과 함께 기록을 재기 위해 준비 자세를 취했다.

긴장한 가운데 시작 총 소리가 울렸다. 그동안 피나는 연습을 떠올리며 최선을 다했다. 결과는 역시 1등이었다.

배형만 씨가 숨을 채 고르기도 전에 코치에게 달려갔다.

"코치님, 제 기록은 얼마나 되나요?"

"40초! 배형 100m 세계 신기록이야! 드디어 네가 해낼 것 같구나!

이대로만 하면 정말 세계 신기록은 문제없을 거야, 하하하!"

배형만 씨는 그날 기록으로 자신감을 얻었고 밤엔 편히 잘 수 있었다.

다음 날 아침, 경기를 위해 일찍 럭셔리수영장에 도착한 배형만 씨.

럭셔리수영장의 모습은 말 그대로 럭셔리했다. 황금빛으로 건물 전체가 번쩍번쩍 빛나고, 수영장 안에 들어서자 마치 바다에 온 듯한 느낌이 들 정도로 넓고 상쾌했다.

코치가 두리번거리면서 말했다.

"이야, 정말 이름대로 럭셔리하구먼!"

배형만 씨는 이런 곳에서 세계 신기록을 수립한다는 것에 마음이 들떴지만 애써 그런 마음을 숨기려고 했다.

경기장에는 어느새 많은 사람들로 가득 찼다. 그중에는 배형만 씨의 팬클럽도 와 있었다.

"까악, 배형만이다! 꽃미남 배형만, 파이팅!"

팬들은 배형만 씨의 얼굴이 프린트되어 있는 대형 플래카드를 들고 흥분한 목소리로 응원했다.

"꼭 1등하세요, 파이팅!"

"오빠, 너무 멋있어요! 와!"

배형만 씨는 팬들의 응원에 더욱 긴장되었다. 그래도 팬들이 보는 앞이라 어쩔 수 없이 환한 미소를 보이며 손을 흔들었다. 손을 흔드는 모습을 보자 팬들은 더욱 환호를 질렀다. 급기야 대회 관계자들이 팬들을 조용히 통제시켰다.

배형만 씨의 라이벌인 배영준 선수가 다가와 말했다.

"여전히 네 팬들은 시끄럽구나? 참나, 저런다고 뭐, 수영 실력이 갑자기 느냐? 오늘 경기 열심히 해 보자! 물론 나한테는 못 미치겠지만."

배영준 선수가 빈정거리며 배형만 씨의 어깨를 툭툭 쳤다.

배형만 씨의 마음속에서는 두 주먹이 불끈거렸다.

'오늘 내가 세계 신기록이 뭔지를 보여 주겠어.'

"결과야 해 봐야 아는 것 아닌가? 너도 오늘은 실력으로 승부해 봐! 이따 보자!"

배형만 씨가 배영준 씨의 등을 손바닥으로 툭툭 쳤다. 배영준 씨의 등에 빨갛게 손자국이 남았다. 배형만 씨는 혀를 내밀어 놀리더니 대기실로 돌아가 버렸다. 남은 배영준 씨가 얼굴을 붉히며 씩씩거렸다.

세계수영대회가 대회 위원장의 개회사로 개막되었다.

이제 첫 번째 조의 경기가 시작되었다. 배영준 선수가 속해 있는 조였다.

땅!

경기 시작 총소리가 들리고 선수들은 힘차게 물살을 갈랐다.

결과는 배영준 선수가 1등으로 예선전을 통과했다. 그렇게 여러 번의 예선전이 치러지고 결승전에서 배형만 선수와 배영준 선수가 겨루게 되었다.

배영준 선수가 배형만 씨에게 빈정거렸다.

"이야, 결승전에서 널 보게 될 줄은 몰랐다. 대단한데? 연습 많이 했나 보네. 실력이 늘었구나. 그래도 여기까지가 네가 할 수 있는 전부라는 건 알지? 하하하."

배형만 씨는 준비운동을 하며 배영준 선수의 말을 무시했다.

드디어 결승전이 시작되었다.

땅!

배형만 씨는 그동안의 연습과 노력들을 모두 쏟아 부으며 빠른 속도로 나아갔다. 그리고 턴을 하려는 순간 발을 힘껏 내딛었다. 그런데 순간 푹신한 느낌이 들었다.

'앗! 이게 뭐야? 이런……'

놀랐지만 다시 경기에 전념했다.

아주 간발의 차로 배형만 씨가 1등을 했다. 그러나 기록은 연습할 때보다 좋지 않았다. 기대하던 세계 신기록의 꿈은 깨어졌다.

대회가 끝나자마자 배형만 씨가 수영장 사무실을 찾았다.

"이봐, 당신들 도대체 수영장을 어떻게 만든 거야? 턴을 하는 곳에다 스펀지를 붙여 놓고 대회를 치르다니 말이 돼?"

수영장 관계자들이 의아한 표정으로 배형만 씨를 쳐다보았다.

"그게 무슨 문제죠? 오히려 발목을 보호하려는 의도로 신경을 써서 만들어 놓은 건데……."

수영장 관계자들의 대답을 들은 배형만 씨가 더욱 화가 난 표정으로 말했다.

　　"발목 아픈 게 문제요? 난 당신들 때문에 세계 신기록 수립에 실패했단 말이야. 푹신한 스펀지만 아니었어도 내 기록을 몇 초는 더 앞당길 수 있었다고!"

　　"우리는 잘못한 게 없어요. 고맙다고는 하지 못할망정…… 화를 내다니! 그리고 1등 했으면 됐지, 뭐."

　　배형만 씨가 황당하다는 얼굴로 관계자들을 둘러보며 말했다.

　　"도무지 말이 안 통하는군요. 당신들이 무엇을 잘못했는지는 물리법정에서 알려 줄 것이오!"

스펀지가 벽을 미는 발의 충격력을 줄여 주기 때문에
수영 선수가 턴을 했을 때 힘을 적게 받게 됩니다.

스펀지가 오히려 기록 수립을
망쳐 놓을 수 있을까요?
물리법정에서 알아봅시다.

　배형만 선수의 팬들이 배형만 선수의 세계 신
기록 수립 실패에 따른 손해 배상 소송이 이기기
를 고대하며 웅성거리고 있어서 법정 안이 좀 소
란스러웠다.

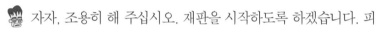

🧑‍⚖️　자자, 조용히 해 주십시오. 재판을 시작하도록 하겠습니다. 피
　　고 측, 변론하세요.

🧑　판사님, 수영장에 가 보셨습니까? 수영장에서 수영복을 입
　　죠? 혹시 파카나 장화 신으시는지요?

🧑‍⚖️　물치 변호사, 지금 무슨 말씀을 하시는 겁니까? 말이 되는 소
　　리를 하세요. 수영장에선 수영복이나 수모, 수경 이외엔 착용
　　하지 못하도록 되어 있지 않습니까?

🧑　판사님도 정확히 알고 계시군요. 그렇다면 우리 몸을 보호하
　　고 있는 게 거의 없는 복장이란 것도 아시겠네요. 이렇게 수영
　　복은 위험에 노출된 복장이기 때문에 조금이라도 선수들을 안
　　전하게 수영할 수 있도록 신경 쓰느라 스펀지를 붙인 건데, 원
　　고는 너무 안전 불감증이 아닌가요? 관계자들의 노고에 박수

를 보내진 못할망정 이 무슨 일입니까? 원고는 당장 고소를 취하해야 할 것입니다.

원고가 고소를 취하할 생각은 없는 것 같은데요. 그리고 수영복은 수영을 하기 위한 최상의 복장으로 제작된 건데…… 도리어 옷이 두꺼워지거나 다른 부착물을 몸에 착용하면 물속에서 위험해지는 것 아닙니까?

아이고, 답답하시네. 그러니 스펀지라도 달아야 하는 것 아닙니까?

물치 변호사, 그만 하는 게 좋겠군요. 수영을 제대로 알긴 알아요? 이쯤에서 원고 측 변론을 들어 보는 게 좋겠군요. 원고 측, 변론하세요.

원고는 연습 기간 내내 좋은 컨디션을 유지하면서 열심히 훈련에 매진한 결과 분명 세계 신기록을 달성할 만한 기록을 내기도 했습니다. 대회 날 몸 상태도 좋았고 연습한 대로 했다면 새로운 기록 수립에는 문제가 없었을 것으로 판단됩니다. 스펀지를 붙여 놓은 것 때문에 물거품이 된 것이 틀림없습니다. 스펀지가 어떤 역할을 했는지 스펀지파워연구소의 강풍덩 연구원을 모시고 말씀드리겠습니다.

솜이 가득 든 것 같은 파카를 입고 뒤뚱거리며 나온 30 대 초반의 남자는 스펀지를 한 손 가득 들고 서 있다.

증인석에 앉아 주십시오. 스펀지에 대해 오랫동안 연구하셨다고 들었는데요, 스펀지의 특성과 수영장에서의 턴 장소에 스펀지를 붙이면 기록에 어떤 영향을 주는지 말씀해 주십시오.

스펀지는 일상생활의 많은 곳에서 이롭게 쓰이는 물질입니다. 피고 측 변호사님 말씀대로 안전을 위해 사용하는 경우가 많은데, 스펀지가 충격을 흡수해 주는 역할을 하기 때문입니다. 예를 들어 시멘트 바닥과 스펀지에 똑같은 높이에서 달걀을 떨어뜨리면 시멘트 바닥에 떨어진 달걀은 깨지는데 스펀지에 떨어진 달걀은 깨지지 않는 것을 확인할 수 있습니다. 이것은 같은 충격량을 받지만 스펀지는 충돌 시간이 길기 때문에 충격력이 줄어들어 달걀이 안전한 겁니다. 그렇지만 이러한 특성을 제대로 사용하지 못하면 도움이 되기보단 방해가 되는 경우도 있겠죠. 이번 상황이 그런 경우에 해당된다고 할 수 있습니다.

좀 더 자세하게 설명해 주십시오. 이번 경우에 스펀지가 왜 방해가 되었나요?

앞에서 말한 것과 같이 스펀지가 벽을 미는 발의 충격력을 줄여 주기 때문에 작용 반작용의 원리에 의해 벽의 반작용력이 줄어들게 됩니다. 반작용력이 작기 때문에 턴을 했을 때 적은 힘을 받은 수영 선수는 속도를 올리는 데 시간이 더 들게 되어 기록 단축이 어려워진 것입니다. 더욱이 물은 충격 완화 역할

을 충분히 하고 있어 굳이 스펀지를 붙이지 않아도 크게 위험하진 않았을 것 같고요. 이 경우 스펀지는 기록을 단축시키기 위해서는 더더욱 불필요한 것이라고 생각됩니다.

 증인의 말씀을 들어 보니 이해가 되는군요. 오히려 수영에 방해가 되는 스펀지를 더 이상 붙이고 있도록 두고 볼 수가 없군요. 빠른 시간 내에 속히 제거하도록 요구하는 바입니다. 그리고 배형만 선수의 기록 단축에 대한 과실을 인정해 다음 대회 때까지의 기간을 단축해야 할 것입니다.

 스펀지가 유용한 물질이라고 알고 있었는데 이렇게 불필요할 때도 있었군요. 수영장 관계자는 되도록 빨리 스펀지를 제거할 것을 판결합니다.

재판이 끝난 후 모든 수영장에서는 턴 장소에서의 스펀지 사용이 금지되었다. 그리고 단단한 벽을 발로 힘 있게 밀어젖히게 되면서 새로운 기록들이 쏟아져 나왔다.

 수영

수영은 작용 반작용의 원리를 이용한 스포츠다. 발로 물을 차면 물이 반작용으로 사람에게 힘을 작용해 앞으로 나아가게 된다. 발을 더 세게 차면 반작용도 그만큼 커지므로 속력이 더 빨라질 수 있다.

60킬로그램까지만 통과하는 다리

물건을 공중으로 던져 올릴 때 드는 힘의 작용 원리는 무엇일까요?

달희와 달자는 10년 지기였다. 두 사람은 스무 살이 되어 함께 무전여행을 떠나기로 결심했다. 둘은 배낭에 간단한 짐만을 꾸려서는 전국을 돌아다닐 계획을 세우고 출발했다.

여행을 시작한 지 일주일이 되던 날 달희와 달자는 산을 오르고 있었다.

"달희야, 천천히 좀 가자! 나, 다리 아파!"

"그래, 여기 바위에서 좀 쉬자."

둘은 앉아서 흐르는 물을 마시며 쉬고 있었다.

달희가 산의 안내도를 유심히 살펴보다가 무릎을 탁 치며 말했다.

"60킬로그램 다리가 있대!"

"60킬로그램 다리?"

"응, 60킬로그램까지만 버틸 수 있는 다리라서 그렇게 이름이 붙여졌대! 여기서 조금만 더 올라가면 있다는데? 5분만 더 쉬고 올라가 보자!"

"우아, 그럼 우리는 50킬로그램이니까 충분히 건널 수 있겠네? 호호호."

달희와 달자는 60킬로그램 다리를 찾아서 산을 올랐다. 좀처럼 찾기가 힘들었다. 지나가던 등산객에게 묻고 또 물어 겨우 그 다리를 찾아냈다.

다리 앞에는 경고문이 쓰여 있었다.

경고문: 이 다리는 60킬로그램까지 버틸 수 있는 다리입니다. 무게가 60킬로그램 이하인 분만 건널 수 있습니다. 추락의 위험이 있으니 60킬로그램을 넘는 분은 옆의 길을 이용해 주시기 바랍니다.

달희는 호기심이 아주 많은 학생이었다. 달자가 먼저 다리를 건너기 위해 걸음을 옮겼다.

달희가 다리의 이쪽저쪽을 살펴보다가 무언가 떠올랐다는 듯 말했다.

"정말 60킬로그램을 넘으면 추락하고 말까? 딱 60킬로그램이면 어떨까?"

"응? 그러게…… 정확히 60킬로그램이면 다리는 어떻게 될까?"

달희는 머릿속에서 계획을 세우고 있었다.

그런 달희를 보며 달자가 한숨을 내쉬며 말했다.

"너 또 무슨 일을 계획하는 거야. 그냥 얌전히 건너가자. 응, 응?"

이미 달희의 귀에는 달자의 목소리는 들리지 않았다. 머릿속에서 모든 계획이 완성된 달희가 그제야 달자를 향해 말했다.

"우리 마을로 내려가서 뭘 좀 빌려 오자. 그리고 내일 날이 밝으면 다시 올라오는 거야! 호호호, 어두워지기 전에 어서 내려가자!"

달희의 뒷모습을 보고 있던 달자가 고개를 절레절레 흔들며 생각했다.

'정말 못 말린다. 호기심쟁이, 내일은 뭘 하려고…… 걱정이다.'

다음 날 아침, 달희가 자고 있는 달자를 흔들어 깨웠다.

"다 구했어! 어서 올라가자!"

달자가 서둘러 짐을 꾸렸다.

"내가 너 때문에 못 산다. 무전여행이니 국토 순례니 할 때부터 알아봤어야 했어. 이런 생고생할 걸 내가 왜 따라왔을까? 아이고."

달희는 이번에도 달자의 투덜거리는 말소리가 들리지 않는다는 듯이 빠르게 걸음을 재촉했다. 산을 오르는 달희의 모습은 마치 하이에나같이 보였다. 달자는 달희의 뒤를 쫓느라 숨이 넘어갈 지경이었다.

"드디어 도착!"

달자가 혀를 내두르며 뒤따라 도착했다.

"야, 도대체 무슨 일을 또 꾸민 거야?"

달희가 가방에서 볼링공 두 개를 꺼내었다.

달자가 달희가 꺼낸 볼링공을 보고 놀라 털썩 주저앉았다.

"헉! 너 도대체 정체가 뭐야? 그 무거운 공을 가방에 넣고 이렇게나 빨리 산에 올라오다니…… 슈퍼맨?"

"이 공이 하나에 10킬로그램이거든? 그러니까 공이랑 나랑 무게를 합치면 60킬로그램이 되는 거야."

"그래서? 그 공은 왜 가져왔어?"

"생각 안 나? 우리 저번에 서커스 쇼 보러 갔을 때 광대가 공을 여러 개 가지고 나와서 세 개는 공중에 띄우고 손에는 하나만 들면서 저글링 했던 것."

"너…… 설마 10킬로그램짜리 볼링공을 위로 던지겠다는 거야? 야야, 그만 해. 그건 그 광대도 못할 거야. 어떻게 10킬로그램을 던져서 띄우고 받고 해? 그러다가 정말 크게 다치기라도 하면 어떡하려고!"

달희는 또 달자의 말을 못 들은 체했다. 그리고 공을 들고 연습을 했다. 공 하나를 공중으로 띄우고 하나는 손에 올리고, 반복해서 연습했다.

그런 달희를 보며 달자가 입을 다물지 못했다.

"너…… 당장 서커스단에 입단해도 되겠어. 이야, 소녀 장사 났구먼. 대단하셔!"

달자는 이제 박수를 치며 달희의 모습을 지켜보았다. 그렇게 10분 정도 흘렀다.

땀을 흘리며 연습하던 달희가 공을 양손에 올렸다. 그러고는 다리 앞으로 가서 멈춰 섰다.

"자, 내가 이제 공 두 개를 가지고 이 다리를 건너겠어. 하나를 띄우니까 결과적으로 무게는 이 다리의 제한 무게인 60킬로그램이 될 거야. 기대하라고! 호호."

"조심해! 애가 정말 큰일 낼 애네. 그만둬! 다친단 말이야."

달희가 드디어 다리에 발을 올려놓았다. 그러고는 공 하나를 띄웠다. 그렇게 몇 발자국을 걸어갔다. 다리의 중간에서 달희가 달자를 향해 소리를 질렀다.

"봐봐, 내가 성공할 거라고 했잖아. 하하하."

웃으며 한 걸음을 더 내딛던 달희는 그만 다리가 무너져 아래로 떨어졌다.

놀란 달자가 119 구조대를 불렀고, 다행히 달희는 크게 다치지 않았지만 팔과 다리에 금이 가는 부상을 당했다.

병원에 입원한 달희가 정신을 차렸다. 달자가 깨어난 달희에게 말했다.

"이 바보야, 내가 언젠가는 이런 일이 있을 줄 알았지! 왜 그런 위험한 일은 해 가지고…… 그나저나 더 큰일 났어. 산 관리 사무소에서 너한테 다리 복구비를 보상하라고 하더라고. 너의 장난 때문에 유명한 다리가 망가졌다고 말야. 그나마 이 정도로 다친 게 천만다행이기는 하지만……."

달희가 달자의 말에 흥분해 벌떡 일어나며 말했다.

"장난이라니…… 말도 안 돼! 난 실험을 했던 거라고! 게다가 분명히 그 다리 앞의 경고문에는 60킬로그램까지는 건너도 된다고 했어. 내 몸무게가 50킬로그램이고 내 손에 들려 있던 공의 무게가 10킬로그램이었는데 다리가 무너지다니…… 이 사고는 경고문을 잘못 써 놨기 때문에 생긴 일이야. 경고문을 쓴 산의 관리 사무소를 상대로 물리법정에 고소하겠어!"

사람이 하나의 공을 위로 올리는 데 힘을 작용한만큼
공도 사람에게 힘을 작용시킵니다.

물리법정

50킬로그램인 사람이 10킬로그램짜리 공 두 개를 교대로 위로 던지면서 다리를 건너면 다리가 받는 힘은 얼마일까요?

물리법정에서 알아봅시다.

원고 측에는 아직 팔과 다리의 깁스를 풀지 않은 달희가 앉아 있고, 피고 측에는 다리 복구 때문에 골머리를 앓고 있다가 고소 때문에 부리나케 달려온 관리 사무소 직원이 앉아 있다.

재판을 시작하겠습니다. 원고 측, 변론하세요.

관리 사무소에서 써 놓은 경고문이 사람 잡겠습니다. 하마터면 원고가 저세상 구경할 뻔했잖아요. 경고문을 써 놓은 관리 직원에게 책임을 지도록 해야 합니다.

아직 결론이 나지도 않았는데 경고문이 잘못된 걸 확신하면 어떡합니까?

판사님도 두 눈 똥그랗게 뜨시고 원고의 몰골을 보십시오. 이게 어디 정상입니까? 여기저기 멍들고 부은 것은 물론이고 팔과 다리는 금이 가서 깁스를 하고 있습니다. 깁스를 풀어도 멍들고 부은 것이 가라앉으려면 시간이 걸릴 텐데, 그동안 치마 입기는 틀린 것 같습니다.

그나마 아주 심하게 다친 게 아니라서 다행이군요.

그래도 다친 건 다친 거잖아요. 이렇게 명백히 다쳤는데 경고 문의 60킬로그램 운운한 것이 잘못된 게 아니라고요? 분명 60킬로그램 이하로 견디는 다리라고 한 경고문은 잘못된 게 틀림없다고요.

그럼 이번에는 피고 측의 변론을 들어 봅시다.

원고는 다리를 건널 때 전체 무게가 60킬로그램이라고 주장하셨는데요, 여기에 다른 힘은 더 없었다고 확신할 수 있을까요? 만약 다른 힘이 더 있었다면 다리가 견디지 못한 건 당연했겠죠. 20년 동안 교량역학을 연구하고 계시는 최고봉 교수님을 모시고 말씀 드리겠습니다.

머리가 희끗하게 새었지만 언뜻 보아 50대로 보기 힘들 만큼 건장한 몸을 가진 교수가 증인석에 앉았다.

교수님, 원고가 다리를 건널 때 총중량이 60킬로그램이었다고 했는데, 어떻게 다리가 무너질 수 있었을까요? 정말 경고문이 잘못되었던 겁니까?

경고문은 별문제가 없는 것 같습니다. 단지 다리를 건너는 사람이 다른 힘을 다리에 가한 것 같습니다.

그래요? 어떻게 더 많은 힘을 작용할 수 있었을까요?

다리를 건널 때 서커스를 하는 사람처럼 볼링공을 위로 번갈

아 던지면서 다리를 건넜다고 하는데요, 그러면 하나는 사람의 손에 있고 하나는 공중에 떠 있었겠군요.

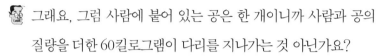 그래요, 그럼 사람에 붙어 있는 공은 한 개이니까 사람과 공의 질량을 더한 60킬로그램이 다리를 지나가는 것 아닌가요?

그렇지 않습니다. 사람이 하나의 공을 위로 올리는 데 작용한 힘만큼 공이 사람에게 그 힘을 작용하는 것이 바로 작용 반작용의 원리입니다. 그러므로 사람과 두 개의 공이 다리에 작용하는 힘은 70킬로그램의 물체가 다리를 누르는 힘이 되는 거지요. 그래서 다리가 무너진 것입니다.

그렇군요. 공중에 떠 있다고 해서 그 물체의 무게가 다리를 누르지 않는다고 생각하는 것은 위험한 생각이군요.

원고는 다리 복구비에 대한 책임을 질 의무가 있는 것으로 판단됩니다. 경고하는데 앞으로는 호기심만으로 위험한 일에 덤비지 않도록 하십시오. 그리고 앞으로 60킬로그램 다리의 입구에는 다리 위에서 물건을 던지는 행위를 해도 그 물건의 무게가 다리를 누른다는 문구를 첨가해 주기 바랍니다.

 총의 반동

물체의 질량과 속도의 곱을 운동량이라고 하는데, 한 물체가 두 개의 물체로 분리될 때 분리되기 전과 분리된 후에 전체 운동량이 달라지지 않는다. 이것을 '운동량 보존 법칙'이라고 한다. 총알의 경우라면 총구로부터 튀어나가면 총은 총알과 반대 방향으로 움직이게 되는데 이것을 총의 반동이라 한다.

작용 반작용의 원리

벽을 양손으로 밀어 보면 벽이 사람을 미는 힘을 양손으로 느낄 수 있습니다. 만일 느낌이 안 온다면 뾰족한 돌로 이루어진 벽을 손으로 힘껏 밀어 보십시오. 뾰족한 돌이 손에 작용하는 힘을 느낄 수 있을 것입니다. 이렇게 힘이란 두 물체 사이의 상호 작용입니다. 그러니까 내가 벽을 10N의 힘으로 밀면 벽도 나를 10N의 힘으로 미는 것이죠. 이때 내가 벽을 미는 힘과 벽이 나를 미는 힘은 크기는 같고 방향은 반대입니다.

힘은 물체의 상호 작용의 결과입니다. 그리고 힘은 홀로 존재하는 것이 아니라 반드시 쌍으로 나타납니다. 그때 다음과 같은 법칙이 성립하지요.

● 두 물체 A, B 사이에서 물체 A가 물체 B에 가한 힘을 '작용'이라 하면 물체 B도 물체 A에 크기는 같고 방향이 반대인 힘을 가하게 되는데, 이것을 '반작용'이라고 부른다.

이것을 뉴턴의 '작용 반작용 법칙' 또는 '운동 제3법칙'이라고 부릅니다.

한 가지 주의해야 할 것이 있습니다. 작용 반작용은 두 물체 사이의 힘이라는 점입니다. 그러니까 한 물체에 크기가 같고 방향이 반대인 힘이 작용하는 두 힘의 평형과는 다르다는 것이죠. 이 둘을 착각하는 사람들이 아주 많습니다.

다시 한번 강조하지만 작용 반작용은 두 물체, 두 힘의 평형은 한 물체!

다음과 같은 것들이 작용 반작용의 예입니다.

① 노를 뒤로 저으면 배가 앞으로 간다

노를 뒤로 저으면 노가 물의 뒤쪽 방향으로 힘을 작용하고 물도 노에게 반작용을 합니다. 그래서 물이 노를 미는 힘의 방향은 배가 앞으로 가는 방향이므로 노와 함께 배와 사람이 앞으로 움직이게 됩니다.

② 로켓이 날아간다

로켓은 연료 가스를 뒤로 분출시킨 작용에 대한 반작용으로 앞으로 추진되는 장치입니다. 이때 연료 가스를 더 빠르게 많이 분출하면 로켓은 더욱 빨라집니다.

③ 땅을 발로 힘껏 밀면 몸이 공중으로 떠오른다

땅을 발로 10N의 힘으로 힘껏 밀면 땅도 발을 10N의 힘으로 위로 밀어냅니다. 그 힘 때문에 사람이 공중으로 떠오르게 됩니다.

제5장

회전에 관한 사건

병진 운동과 회전 운동 – 텅 빈 당구공

회전 관성① – 천사 옷을 입고 날갯짓하며 피겨스케이팅을 하고 싶어요

회전 관성② – 삶은 달걀이냐 날달걀이냐, 그것이 문제로다

회전 관성③ – 지구의 자전이 멈추고 있다고요?

텅 빈 당구공

당구공이 회전을 잘하는 이유는 무엇일까요?

과학공화국에는 얼마 전부터 당구가 크게 유행하고 있었다. 얼굴이 못생겨도 당구만 잘 친다면 누구에게나 인기를 끌었다. 곳곳에 당구 교습소가 생겨날 정도였다.

"어머, 정말 당구 잘 치시네요? 너무 멋져요!"

"난 당구 잘 치는 사람이 이상형이야!"

여자들은 당구를 잘 치는 남자를 이상형으로 꼽기까지 했다. 이에 남자들 사이에서는 당구를 잘해야 예쁜 여자랑 결혼할 수 있다는 말이 돌았다. 그리고 골프 대회를 비롯한 다른 운동 경기보다 당구 대회가 많이 열렸다.

"이번 당구 대회에서 우승하면 상금이 자그마치 3,000달란이래!"

"이야, 역시 당구가 대세야!"

본래의 직업까지 내팽개치고 당구 배우기에 열중하는 사람들이 점점 늘어났다. 더불어 당구공, 당구대 등을 만드는 공장은 활기가 넘쳐났다.

한고수 씨는 당구를 배운 지 10년이 되어 가는 베테랑이었다. 그의 꿈은 당구계의 최고수가 되는 것이었다. 잘 먹지도 잘 자지도 않고 항상 큐와 당구공만 손에 쥐고 있었다.

"고수야, 들었어? 이번 당구 대회의 상금이 3,000달란이래!"

"쳇, 그 정도 가지고 뭘…… 난 안 나가!"

"너, 혹시 세계당구그랑프리대회 나가려는 거야?"

"……."

한고수 씨는 대꾸도 하지 않은 채 당구공만 칠 뿐이었다.

"정말 나가는 거야?"

"당연하지. 내가 그 대회를 위해서 벌써 몇 년째 당구만 하고 있는데……."

"역시! 이번 그랑프리의 상금은 10,000달란이라던데! 그런데 진짜 잘한다는 사람들은 다 모여들 텐데."

"문제없어! 난 10년을 하루도 빠짐없이 준비해 왔어."

한고수 씨의 얼굴에는 비장한 각오가 새겨져 있었다.

"그래, 너라면 가능성 있지! 하하하."

세계당구그랑프리대회는 앞으로 한 달 정도 남아 있었다. 한고수씨는 더욱더 당구 연습에 집중했다. 특히 그는 당구공 회전에 일가견이 있었다.

왕꾀돌 씨 역시 한고수 씨 못지않게 이번 세계당구그랑프리대회의 우승을 노리고 있는 당구의 고수였다. 그 역시 지난 10년간 이대회를 위해 당구에 모든 것을 쏟고 있었다.

"한고수? 쳇, 이름은 들어서 알고 있어! 10년 정도 당구만 했다는 사람이지? 하지만 내가 그 사람보다 한 수 위라고!"

"근데 한고수라는 사람 정말 대단하다더라. 밥도 안 먹고 잠도 안자고 당구만 한다던데."

"그렇게 무식하게 하면 당구가 잘되나? 나처럼 요령이 있어야지!"

"그런가? 아무튼 얕볼 상대는 아닌 것 같아. 언론에서 이번 대회에서 가장 관심을 두고 있는 사람으로 그를 꼽더라고."

"뭐, 언론에서? 그럼 나도 질 수 없지!"

다음 날, 왕꾀돌 씨가 기자 회견을 열었다.

"왕꾀돌 씨! 이번 세계당구그랑프리대회에 출전한다고 하셨는데자신 있습니까?"

"당연하죠! 이번 우승은 제 것입니다."

"글쎄요…… 한고수 씨도 만만치 않다고 들었는데. 고수 씨에 대해서는 어떻게 생각하십니까?"

"그분도 나름 실력이 출중하다고 들었지만…… 저만 하겠습니까?"

한고수 씨가 왕꾀돌 씨의 기자 회견 신문 기사를 보고 이를 갈았다.

"이런, 왕꾀돌…… 아주 이름값을 하시는구먼. 이런 식으로 내 사기를 떨어뜨려 놓겠다는 거야? 어림도 없지. 가만히 앉아서 당하고 있을 내가 아니란 말이야! 나도 기자 회견을 요청하겠어."

다음 날, 한고수 씨의 기자 회견이 열렸다.

"어제 이곳에서 왕꾀돌 씨의 기자 회견이 있었는데 혹시 그것 때문에 오늘 기자 회견을 하시는 겁니까?"

"아닙니다. 저는 왕꾀돌 씨를 라이벌로 생각하지 않습니다. 저의 라이벌은 전 세계의 진정한 당구 고수죠! 하하하."

"그럼 왕꾀돌 씨는 고수가 아니라는 말씀인가요?"

"그런가요? 하하하, 그런 뜻은 아니지만…… 뭐, 알아서들 생각하십시오."

기자 회견이 있은 다음 두 사람은 불꽃 튀는 라이벌 관계가 되었다.

당구 자체가 워낙 공화국에서 인기를 끌고 있던 터라 두 사람의 갈등은 신문의 기삿거리가 되기에 충분했다.

대회가 다가오면서 두 사람의 언론 플레이는 과열되었다. 왕꾀돌 씨는 한고수 씨를 무식하게 당구만 치는 노력파라며 비꼬았고, 한고수 씨는 왕꾀돌 씨를 실력 없고 말 많은 당구계의 골칫거리라고 비난했다.

"드디어 오늘 세계당구그랑프리대회가 열리는 날입니다. 오늘이 당구 경기장에서 전 세계의 당구계 별들을 만나 보실 수 있습니다. 특히 우리 과학공화국에서는 두 선수가 출전합니다. 바로 왕꾀돌 씨와 한고수 씨입니다. 두 분 모두 선전하시기를 기원합니다."

한고수 씨와 왕꾀돌 씨 모두 예선을 가볍게 통과했다. 그렇게 몇 차례의 경기가 더 펼쳐진 끝에 결승전에서 라이벌인 두 사람이 맞닥뜨렸다.

"아, 악연인지 필연인지 두 선수가 결승에서 만나게 되었습니다. 과연 진정한 당구의 왕은 누가 될지 초미의 관심사입니다."

심판이 빨간색과 노란색 당구공 두 개를 두 사람 앞에 내밀었다.

"이번 경기는 회전에 관한 고수를 뽑는 것입니다. 하나씩 잡으세요. 두 공 모두 크기와 무게가 동일합니다."

왕꾀돌 씨가 먼저 빨간색 공을 잡았다. 그리고 한고수 씨는 남은 노란색 공을 잡았다.

"노란색 공이 최근에 새로 만들어진 뉴 당구공입니다. 그럼 빨간색 공을 집은 사람이 먼저 회전 묘기를 선보이겠습니다."

왕꾀돌 씨가 당구대에 빨간색 당구공을 올려놓았다. 그러고는 큐로 공을 쳤다.

휘리릭!

공은 빠른 속도로 회전했다. 경기장에 있던 관중이 박수를 치며 환호했다.

왕꾀돌 씨가 만족하는 듯 거만한 눈빛으로 한고수 씨를 바라보았다.

"자네 차례야! 잘해 보라고, 홍!"

한고수 씨가 노란색 공을 당구대에 올려놓았다. 그러고는 조심스럽게 큐를 공에 가져다 댔다.

휘릭…….

그런데 공이 회전하지 않았다.

한고수 씨는 몹시 당황한 듯 얼굴이 벌겋게 달아오르고 식은땀이 나기 시작했다.

"아니…… 어떻게 이런 일이. 지난 10년간 연습할 때 한 번도 이런 일은 없었는데……."

당황하는 한고수 씨의 곁으로 왕꾀돌 씨가 다가왔다.

"이봐! 10년 동안 연습한 게 겨우 이 정도야? 참나, 어린아이가 해도 자네보다 낫겠어. 내가 다 부끄럽구먼! 하하하."

결국 세계당구그랑프리대회의 우승은 왕꾀돌 씨에게로 돌아갔다.

한고수 씨는 대회 결과를 절대 인정할 수 없었다.

'분명히…… 당구공에 문제가 있는 거야!'

한고수 씨가 노란색 당구공을 반으로 잘랐다.

'이럴 수가!'

당구공의 속이 텅 비어 있었다.

한고수 씨가 속이 빈 당구공을 들고 심사 위원에게 달려갔다.

"이것 보세요! 당구공의 속이 텅 비어 있습니다. 이런 공으로는 도저히 회전을 할 수 없어요!"

"무슨 소리입니까? 기존의 당구공과 크기와 무게가 같은데……."

"어쨌든! 저에게 다시 한번 기회를 주십시오. 아니면 왕꾀돌 씨에게도 저와 같은 속이 빈 당구공을 주든지."

"이미 끝난 경기입니다. 자꾸 이런 말도 안 되는 일로 항의한다면 우리 심사 위원회에서도 당신의 출전을 무효화할 수밖에 없습니다. 자신의 실력이 모자란 것을 당구공 탓을 하다니요. 어서 자리로 돌아가 우승자에게 박수나 쳐 주십시오. 그것이 진정한 스포츠맨입니다."

한고수 씨는 아무래도 순순히 받아들일 수 없었다. 자신이 10년 동안 준비해 온 대회를 당구공 때문에 망쳤다고 생각하니 너무나 억울했다.

한고수 씨가 심사 위원에게 몇 차례 더 항의해 보았지만 오히려 제재만 더욱 강해질 뿐이었다.

"자네! 정말 안 되겠군! 다음 대회에는 출전할 수 없어! 알았나?"

'말도 안 돼…… 이 대회를 위해 내 모든 걸 바쳤는데…… 잘못된 공 때문에 우승을 놓치다니…… 그래, 그 왕꾀돌이랑도 관련이 있을지 몰라. 그 녀석이 먼저 빨간색 공을 잡았잖아? 미리 알고 그 공을 잡은 거야. 억울해!'

한고수 씨는 곧장 물리법정으로 달려갔다. 그리고 속이 텅 빈 당구공을 만든 회사와 자신의 항의를 받아들이지 않은 심사 위원들을 고소했다.

병진 운동은 물체의 질량 중심이 움직이는 운동이며
회전 운동은 질량 중심은 가만히 있으면서
물체가 자전하는 운동을 말합니다.

당구공은 왜 속이 꽉 차 있는 걸까요?
물리법정에서 알아봅시다.

 재판을 시작합니다. 먼저, 피고 측 변론하세요.

 공이 속이 꽉 차 있든 비어 있든 당구라는 것은 공을 잘 때리기만 하면 되는 경기입니다. 그런데 그런 게 무슨 소용이 있다는 건지 정말 이해가 안 되는군요. 괜히 시합에서 지니까 핑계를 대는 건 아닌지 원고 측에 묻고 싶습니다. 그러므로 이번 사건은 재판할 가치가 없다는 게 저의 의견입니다.

 그건 제가 결정합니다. 원고 측, 변론하세요.

 회전연구소의 뺑뺑이 박사를 증인으로 요청합니다.

어딘지 좀 튀어 보이는 옷을 입은 30대 남자가 턴을 하면서 증인석으로 들어왔다.

 증인이 하는 일은 무엇입니까?

 회전을 연구합니다.

 좀더 구체적으로 말씀해 주세요.

어떻게 하면 회전이 더 잘 일어나는지를 연구하고 있지요.

어떻게 하면 회전이 더 잘 일어나지요?

일반적으로 물체는 회전축 주위에 질량이 모여 있으면 회전이 잘되고 회전축에서 먼 곳에 질량이 모여 있으면 회전이 잘 안 되지요. 그러니까 당구공은 속이 꽉 차게 만들어야 회전이 잘 되지요.

그래야 하는 이유가 있나요?

물체의 운동에는 병진 운동과 회전 운동이 있어요.

그게 뭐죠?

물체의 질량 중심이 움직이는 운동이 병진 운동이에요. 축구공을 차면 축구공의 질량 중심이 이동해 멀리 나가잖아요? 그게 '병진 운동'이지요.

그럼 회전 운동은 무엇인가요?

제자리에서 빙글빙글 돌고 있는 당구공을 보세요. 질량 중심은 제자리에 있지요? 이렇게 질량 중심은 가만히 있고 물체가 자전하는 운동을 '회전 운동'이라고 합니다. 그리고 일반적인 물체의 운동은 병진 운동과 회전 운동이 섞여서 일어나지요. 그런데 당구처럼 회전을 많이 이용해야 하는 종목은 회전이 잘 일어나도록 속을 채운 공을 사용하고, 배구나 농구 또는 탁구처럼 회전이 별로 필요 없고 병진 운동이 중요한 종목의 공은 속을 비우는 거죠.

이제야 이해가 가는군요. 그렇죠, 판사님?

 판결합니다. 스포츠에서 사용되는 모든 재료들은 그 스포츠의 특성을 제대로 살릴 수 있도록 과학적으로 설계되어야 하므로 이번 속이 빈 공을 사용한 당구 대회의 결과는 인정하지 않고 속이 꽉 찬 공으로 재시합할 것을 판결합니다.

 놀이동산의 놀이 기구

놀이동산에서 긴 팔에 매달려 아주 빠르게 빙글빙글 돌아가는 놀이 기구가 있다.

이 기구를 자주 점검해야 하는 이유는 무얼까? 구심력(빙글빙글 돌게 하는 힘) 때문이다. 물체가 어떤 속력으로 원운동을 하려면 그에 필요한 구심력이 있어야 한다. 그것은 놀이 기구의 팔이 만든다. 하지만 놀이 기구의 팔을 죄여 놓은 나사들은 회전 운동에 의해 자주 풀리게 되므로 자주 점검을 해 놀이 기구의 팔과 놀이 기구가 단단하게 고정되어 빠르게 회전하더라도 충분한 구심력을 낼 수 있도록 해야 안전하다.

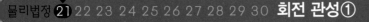
천사 옷을 입고 날갯짓하며
피겨 스케이팅을 하고 싶어요

회전을 오래도록 유지하기 위해 지켜야 할 운동 법칙은 무엇일까요?

피겨 스케이팅 국가 대표 강요정 양은 세계 대회에서 금메달을 다섯 개나 거머쥔 실력 있는 선수였다. 국민들은 강요정 양이 TV에 모습을 드러낼 때마다 칭찬과 감탄을 아끼지 않았다.

그러나 강요정 양을 가까이에서 본 사람들은 강요정 양을 아주 피곤한 여자로 여겼다. 왜냐하면 강요정 양의 고집이 대단했기 때문이다. 그녀는 자신의 주장을 굽힐 줄 몰랐다. 그녀가 국가 대표 자리를 지키고 있는 건 그녀의 성실함과 천부적인 재능 때문이었다.

연습 중인 강요정 양에게 코치가 다가와 충고했다.

"요정아, 조금 쉬는 게 어때?"

강요정 양이 코치에게 쌀쌀맞게 대답했다.

"난 이 세 번 회전 후 착지 동작을 완벽하게 해내기 전엔 쉬지 않을 거야!"

코치가 강요정 양의 뒤통수에 대고 소리쳤다.

"내 말 좀 들어! 연습도 중요하지만 그날 그날 네 컨디션을 조절하고 몸 상태를 체크하는 것도 중요하다고!"

강요정 양이 회전 연습을 멈추고 뒤돌아서서 코치를 쏘아봤다.

"무슨 소리야? 내 몸 상태는 내가 제일 잘 안다고! 연습에 방해되니까 조용해 줘!"

강요정 양은 코치에게 버럭 소리를 지르고 다시 얼음판 중앙으로 미끄러져 나갔다. 코치는 해머로 뒤통수를 맞은 것 같은 기분을 느끼며 그 자리에 멍하니 서 있었다.

코치는 강요정 양보다 다섯 살이 많은 여자로, 그녀도 한때 피겨 스케이팅 국가 대표였다. 그러나 그녀는 무리한 연습으로 발목 부상을 입은 뒤 회복이 되지 않아 선수 생활을 그만둬야 했다. 그녀는 운동선수에게 부상이 얼마나 치명적인지 누구보다 잘 알고 있었다.

강요정 양은 코치의 마음을 아는지 모르는지 계속해서 연습 삼매경에 빠져 있었다. 강요정 양을 통제하는 것은 무리라고 생각한 코치는 강요정 양을 얼음판 위에 남겨 둔 채 밖으로 나왔다. 아침에 연락이 온 피겨스케이팅협회에 가려는 것이었다.

코치가 피겨스케이팅협회 사무실에 도착했다.

똑, 똑, 똑.

"들어오세요!"

코치를 본 협회장이 자리에서 일어나 악수를 청했다.

"어서 오세요, 송 코치님!"

"안녕하십니까, 협회장님."

"그래, 요즘 강 선수의 컨디션은 어떻습니까?"

협회장은 무슨 일인지 강요정 양의 컨디션부터 물었다.

코치가 웃음으로 얼버무리며 용건을 물었다.

"제가 보기엔 최상입니다. 연습도 멈추지 않고 계속하고요. 그런데 무슨 일 때문에 부르셨나요?"

"아하하하! 다름이 아니라 이번에 일본에서 열리는 세계선수권대회 말입니다."

"아, 네⋯⋯."

역시 협회장은 이번 세계선수권대회 때문에 강요정 양의 코치를 찾은 것이었다.

피겨스케이팅 협회장은 아주 야심 있는 사람이었다. 그는 이번에 세계빙상연맹의 연맹장을 노리고 있었다. 연맹장이 되기 위해서는 자기 나라의 스케이팅 수준이 높아야 했는데 그 기준이 바로 금메달의 개수였다. 협회장은 지금까지 자신의 야망을 이루는 데 도움이 되는 선수들은 취하고, 조금이라도 못 미치는 선수는 피겨 스케이팅계에서 매장시켜 왔다.

코치는 만약 강요정 양이 이번 대회에서 우승하지 못하면 다른 선수들처럼 매장되고 말 것이라는 것을 알고 있었다. 자신이 발목 부상을 입었을 때 가차 없이 버림을 받았던 것처럼.

코치는 그때의 기억을 떠올렸다. 그녀는 마음 한쪽이 쓰려려 오는 것을 느끼며 인상을 찌푸렸다.

그때 협회장이 그 기억들을 쫓아내 주었다.

"송 코치님?"

코치가 협회장의 얼굴을 올려다보며 물었다.

"아, 네…… 무슨 말씀을 하셨나요?"

"허허허. 송 코치, 요즘 강 선수 훈련시키느라 피곤한 모양이오! 허허허. 그러니까 이번 선수권 대회에 강 선수가 나갔으면 하는데…… 코치 생각은 어떻소? 내가 보기엔 강 선수가 금메달을 확실히 따낼 것 같은데 말이야!"

코치는 협회장의 얼굴에서 그 더러운 명예욕이 묻어나는 것을 보았다.

"강 선수야 훌륭하죠. 오늘 돌아가서 강 선수의 의견을 물어보겠습니다."

"뭐, 선수한테 물어보고 말고 할 것까지 있나? 코치랑 감독이 나가라면 나가는 거지, 안 그렇소? 송 코치, 허허허."

코치는 스케이트장으로 돌아오는 내내 이 일을 어떻게 말해야 할까 고민했다.

'이 대회는 분명 협회장의 야심을 채우기 위한 대회다. 마음껏 이용당하다 처참하게 버림을 받을 수도 있는 대회다.'

하지만 코치는 강요정 양 앞에서 이런 말들을 꺼낼 수 없었다. 자라나는 꿈나무에게 사회의 더러운 면을 보이고 싶지 않았기 때문이다.

코치가 강요정 양에게 어렵게 말문을 열었다.

"요정아, 이번에 일본에서 세계선수권대회가 열리는데, 한번 나가 볼래?"

"세계선수권대회? 정말 큰 대회잖아! 코치 언니 무슨 소리야, 물을 걸 물어야지! 당연히 나가야 되는 것 아니야? 야호, 신난다!"

강요정 양은 내막을 아는지 모르는지 큰 대회에 나간다는 기쁨에 들떠 있었다.

그날부터 코치와 강요정 양은 세계선수권대회를 위한 피나는 훈련을 감행했다. 그들에게는 밤낮이 없었다. 눈 뜨면 다시 눈 감을 때까지 빙판 위에서 뒹굴었다. 코치는 이번 대회가 강요정 양의 운명을 결정 짓는다는 것을 알고 있기에, 훈련을 더욱 혹독하게 감행했다.

드디어 훈련이 막바지에 접어들어 마지막 동작을 연습하게 되었다.

"코치 언니, 마지막 동작을 할 때 있잖아, 천사처럼 날개 단 옷을 입고 두 팔을 벌려서 회전하면 어떨까? 멋있겠지?"

강요정 양은 마치 지금 천사 옷을 입고 있는 것처럼 회전하는 시늉을 해 보였다.

코치가 곤란한 표정을 지었다.

"글쎄…… 엔딩 장면이 점수에 많이 반영되잖아. 아무래도 엔딩 동작은 피겨스케이팅협회의 의견을 수용해야 할 것 같은데……."

"아니, 그런 게 어디 있어? 내가 나가는 대흰데 그런 것까지 일일이 허락받아야 해?"

"그건 협회에서 결정된 일이야. 내일 피겨스케이팅협회 사무실에 들러서 다시 한 번 알아보고 올게."

"쳇!"

강요정 양은 토라져서 다시 앞부분 연습에 들어갔다.

코치는 엔딩 동작에 대한 피겨스케이팅협회의 의견을 듣기 위해 협회 사무실을 찾았다.

협회장이 능글맞은 얼굴로 코치에게 다가오며 물었다.

"송 코치, 연습은 잘되 가오?"

"네, 협회장님. 제가 오늘 찾아온 것은 다름이 아니라 강 선수 엔딩 동작 때문인데요……."

코치의 말에 협회장이 자랑하듯이 소리쳤다.

"아차차, 내가 아직 그 내용을 전달하지 못했구려. 피겨스케이팅협회에서는 엔딩 장면을 팔을 모으고 회전하는 것으로 정했소!"

코치가 조심스럽게 물었다.

"협회장님, 혹시나 해서 말씀드리는데 천사 옷을 입고 두 팔 벌려 회전하는 건 어떨까요?"

협회장은 더 이상 코치의 말을 들을 생각도 하지 않고 말했다.

"에이, 무슨 말도 안 되는 소리! 엔딩 동작은 팔을 모으고 회전하는 걸로 하세요!"

코치는 강요정 양에게 협회장의 말을 전했다. 그러자 강요정 양은 흥분하며 그 제안을 받아들이지 않았다.

"무슨 소리야! 그 대회에 나가는 사람은 나라고! 난 절대 동작을 바꾸지 않을 테야!"

코치가 강요정 양에게 타일렀다.

"요정아, 만약 네 마음대로 한다면 넌 피겨스케이팅계에서 매장되고 말 거야. 국가 대표를 포기해야 할 거라고! 제발 말 들어!"

"코치 언니! 이렇게 잘못된 관행이 있으면 뜯어 고칠 생각을 해야지 않아? 난 절대 포기 못해! 국가 대표도 포기하지 않을 거야! 지금 당장 물리법정으로 가서 이 사실을 고발하겠어!"

이렇게 해서 얼음 위의 요정 강요정 양과 피겨스케이팅협회장의 맞대결이 벌어졌다.

회전 관성이 크면 정지된 물체를 회전시키거나
회전하는 물체를 정지시키기 힘들어집니다.

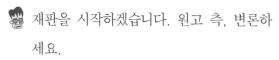

피겨 스케이팅 엔딩 장면에서 오래도록
회전을 유지하는 방법은 무엇일까요?
물리법정에서 알아봅시다.

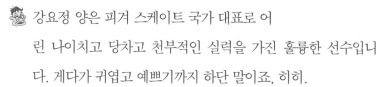

재판을 시작하겠습니다. 원고 측, 변론하
세요.

강요정 양은 피겨 스케이트 국가 대표로 어
린 나이치고 당차고 천부적인 실력을 가진 훌륭한 선수입니
다. 게다가 귀엽고 예쁘기까지 하단 말이죠, 히히.

잘 나가다가 또 이상한 데로 빠지시네…… 강요정 선수의 미
모에 반하기라도 했습니까?

저렇게 귀엽고 예쁜데 반하지 않을 사람이 어디 있습니까? 판
사님도 가까이에서 한번만 보시면 부인하지 못할걸요?

어이쿠, 저 사람을 누가 말려! 그만 하고 변론이나 계속하는
게 좋겠습니다.

아, 네 그러죠. 강요정 양은 피겨 스케이팅 실력을 타고났을
뿐 아니라 훈련 또한 게을리 하지 않습니다. 훌륭한 선수가 자
신의 무대 동작을 자기 맘대로 선택할 권리도 없단 말입니까?
이건 엄연히 권한 침해입니다.

그럴까요? 선수가 원하는 동작을 하도록 하는 게 제일 좋은
거겠죠. 그런데 피겨스케이팅협회장은 왜 굳이 동작을 바꿀

것을 요구할까요? 피고 측 입장을 들어 봅시다.

🧑 판사님 말씀대로 선수가 원하는 대로 하는 게 좋겠습니다만 팔을 모으고 회전하는 동작은 훌륭한 무대를 위해서 내린 결정입니다. 피겨 스케이팅 엔딩 장면에서 회전은 오래도록 유지하는 게 관건입니다. 날개 달린 옷을 입고 두 팔을 벌려서 회전하는 동작은 오랫동안 회전하는 것이 불가능합니다. 그 이유를 말씀드리기 위해 빙글빙글연구소의 돌아이 박사님을 모셨습니다.

🧑 증인은 나오십시오.

빙글빙글 돌면서 들어온 박사는 증인석에 도착해서도 한참 동안 계속 맴돌다가 겨우 멈추고 자리에 앉았다.

🧑 박사님은 회전에 대해 오랫동안 연구하셨는데요, 회전하는 데도 여러 가지 방법이 있다지요. 어떻게 하면 오래 회전할 수 있는지 가장 좋은 방법을 알려 주십시오.

🧓 회전 상태를 오래 유지하려면 회전 관성을 줄이는 게 제일 좋습니다. 회전 상태에 있는 물체의 운동을 변화시키려는 데 저항하는 성질을 '회전 관성' 이라고 하는데, 질량이 클수록 물체의 질량이 회전 중심에서 멀리 떨어질수록 회전 관성은 커집니다. 회전 관성이 크면 정지된 물체를 회전시키거나 회전

하는 물체를 정지시키기가 힘들어집니다. 회전 동작에서 두 팔을 벌리는 것보다 모으고 회전하는 게 훨씬 회전이 잘되고 회전 속도도 빠릅니다. 따라서 처음이나 중간에서는 큰 동작을 하다가 엔딩 장면에서는 회전이 잘되도록 몸을 오므리고 회전하는 게 좋습니다.

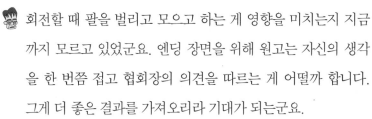 잘 알겠습니다. 피겨 스케이팅의 회전 동작에서는 회전 관성을 줄이도록 팔을 모으고 회전하기로 결정을 내려야 합니다. 원고는 자신의 고집도 중요하지만 좋은 무대를 만들기 위해서 협회장의 의견을 따르는 게 좋겠습니다.

회전할 때 팔을 벌리고 모으고 하는 게 영향을 미치는지 지금까지 모르고 있었군요. 엔딩 장면을 위해 원고는 자신의 생각을 한 번쯤 접고 협회장의 의견을 따르는 게 어떨까 합니다. 그게 더 좋은 결과를 가져오리라 기대가 되는군요.

 평균대 팔 벌리기

체조에서 평균대를 하는 선수는 양팔을 벌려 균형을 잡는다. 이것은 평균대에서 회전 관성을 크게 만들어 회전이 덜 일어나 안 떨어지게 하기 위해서이다.

삶은 달걀이냐 날달걀이냐, 그것이 문제로다

삶은 달걀인지 날달걀인지 알아보기 위해 회전시키는 까닭은 무엇일까요?

최빈곤 씨와 왕빈대 씨는 싸이콤대학교에서 모르는 사람이 없을 정도로 유명한 짠돌이들이었다. 두 사람은 서로를 몰랐지만 두 사람을 모르는 학생은 아무도 없었다.

왕빈대 씨는 혼자서 자취를 하고 있었는데, 생활비가 바닥나자 친구들의 집을 전전하며 염치없이 밥을 얻어먹어 자그마치 한 달 동안 단 한 끼에도 돈을 들이지 않은 신기록을 보유하고 있었다.

얄밉기는 최빈곤 씨도 마찬가지였다. 식당에서 자신의 머리카락을 음식에 집어넣어 음식 값을 치르지 않고 나오기가 일쑤였고, 할

인 마트에서는 시식 코너를 거의 싹쓸이 하다시피 해 블랙리스트에까지 올랐다.

가히 막상막하의 짠돌이 기록을 가지고 있었던 최빈곤 씨와 왕빈대 씨 두 사람은 자주 같은 학교 학생들의 입에 오르내리게 되었고, 누가 더 지독한 짠돌이인지를 가지고 내기를 거는 사람들 사이에 다툼을 일으키는 원인이 되기도 했다.

그런데 최빈곤 씨와 왕빈대 씨 두 사람 역시 서로의 소문을 심심치 않게 들어왔던 터라 은근히 신경이 쓰이기 시작했다. 그래서 언제가부터 경쟁이라도 하듯 서로의 기록을 넘어서기 시작했다. 최빈곤 씨는 3주일 동안 같은 옷만을 입고 다녔으며 왕빈대 씨는 뷔페에서 본전을 찾으려 장장 4시간 동안 식사를 하고도 음식을 몰래 싸오다가 들켜 망신을 당했다. 하지만 두 사람이 워낙에 막상막하였기에 승부는 좀처럼 나지 않았다.

어느 날 참다못한 최빈곤 씨가 왕빈대 씨를 찾았다.

"네가 그 유명하다는 왕빈대지?"

왕빈대 씨는 내심 놀랐지만 짐짓 아무렇지 않은 척 대꾸했다.

"그렇긴 한데. 넌 누구야?"

최빈곤 씨가 뻔히 자신이 누군지 알면서 모른 척하는 왕빈대 씨를 흘겨보며 말했다.

"난 최빈곤이라고 해. 듣자 하니 빈대 붙는 걸 좋아한다고 하던데, 너만 좋다면 나와 함께 내 자취방에서 지내지 않을래?"

왕빈대 씨가 깜짝 놀라 되물었다.

"뭐? 그 말 진심이야?"

"말 그대로야. 네가 내 방에 와서 지내면 우리 둘 중 누가 최고의 짠돌인지 알 수 있지 않겠어? 그러니 네가 내 방에 와서 함께 살아 보자는 얘기야."

왕빈대 씨가 최빈곤 씨의 제안에 입이 귀밑까지 걸렸다.

'이게 웬 떡이야.'

"하하, 나야 좋지. 잘 지내 보자, 친구!"

최빈곤 씨는 기뻐하는 왕빈대 씨를 보며 마음속으로 회심의 미소를 지었다.

'넌 이제 나한테 걸려들었어! 후후.'

이렇게 두 사람의 자취 생활이 시작되었다. 왕빈대 씨의 예상대로 최빈곤 씨의 집에는 먹을 음식이라고는 보이지 않았다.

"집에 먹을 거라고는 없네. 그럼 넌 뭘 먹고 사냐?"

"먹을 게 왜 없어? 내가 마침 장만해 놓은 음식이 있지."

최빈곤 씨가 어디선가 달걀을 한 판 들고 왔다.

"달걀 아냐? 계속 이것만 먹을 거라고?"

"그럼, 매 끼니마다 하나씩 먹으면 5일은 끄떡없어."

"흠, 그렇구나. 뭐 달걀이 어디야. 흐흐, 난 공짜라면 뭐든 상관없어."

"그럼 나랑 내기 한번 해 볼래?"

"내기는 갑자기 무슨 내기?"

최빈곤 씨가 씨익 웃으며 말했다.

"달걀만 매일 먹으면 지겨울 것 아냐. 내기라도 해서 재미있게 놀자는 거지, 뭐."

왕빈대 씨도 흥미롭다는 듯 고개를 끄덕였다.

최빈곤 씨가 내기를 설명했다.

"삶은 달걀과 날달걀 하나씩을 섞어서 깨 보지 않고 둘 중 하나를 고르는 거야. 삶은 달걀을 고르는 사람이 두 사람 몫의 달걀을 모두 먹는 걸로. 어때? 운 좋으면 하루에 6개의 달걀을 먹는 거지."

"오호, 제비뽑기처럼 말이지?"

"그거야!"

왕빈대 씨는 운이 좋으면 달걀을 많이 먹을 수 있다는 생각에 최빈곤 씨의 제안에 흔쾌히 그러자고 했다.

"괜찮은 생각인데?"

그런데 그날부터 이상한 일이 일어났다. 두 사람의 내기의 결과가 매번 최빈곤 씨의 승리로 끝나는 것이었다. 왕빈대 씨는 아무리 살펴보고 만져 봐도 어떤 것이 삶은 달걀인지 구분을 하지 못했지만 최빈곤 씨는 척척 잘도 골라 내서는 달걀 두 개를 맛있게 먹었다.

왕빈대 씨는 처음에 자신이 운이 없는 것이라고 생각했지만 시간이 갈수록 의심이 생기기 시작했다.

마지막 내기를 하는 날, 마침내 왕빈대 씨의 화가 폭발했다.

"이건 사기야!"

마지막까지도 최빈곤 씨가 삶은 달걀을 골라낸 것이었다.

"왜 그러는 거야? 난 단지 운이 좋은 것뿐이라고, 친구."

"이게 확률상으로 가능한 이야기야? 이건 분명히 네가 날 골탕 먹이려고 한 짓이야! 두고 봐, 내가 가만 있을 줄 알아?"

탕 하고 문을 세게 닫으며 왕빈대 씨가 최빈곤 씨의 방을 나가 버렸다. 그리고 다음 날 왕빈대 씨는 최빈곤 씨를 물리법정에 고소 했다.

날달걀은 속이 액체이기 때문에 회전 관성이 고체인 삶은 달걀보다 크므로 회전이 잘 되지 않습니다.

여기는 물리법정

최빈곤 씨는 어떻게 삶은 달걀을
골라낼 수 있었을까요?
물리법정에서 알아봅시다.

🧑 자, 모두 자리에 앉아 주세요. 재판을 시작
하겠습니다. 먼저, 원고 측 변호사 변론하
세요.

🧑 존경하는 판사님, 어떻게 매번 그렇게 삶은 달걀을 잘 골라 낸
단 말입니까? 초능력자거나 투시력이 있지 않고서는 불가능
합니다. 뭔가 꿍꿍이가 있는 것임이 틀림없습니다.

🧑 어떤 꿍꿍이 말인가요?

🧑 미리 달걀을 깨어 보고는 감쪽같이 붙여 놓지 않았을까요?

🧑 그거야말로 초능력자가 아니면 할 수 없는 일인 것 같은데요.
쓸데없는 소리 그만하고 피고 측의 변론이나 들어 봅시다.

🧑 피고 측에서는 피고가 깨 보지 않고 삶은 달걀을 구분해 낸 사
실을 밝혀 줄 증인을 요청합니다.

🧑 좋습니다. 증인은 누구입니까?

🧑 회전연구소의 박관성 박사님을 모시겠습니다.

증인을 모신다는 말에 키가 작고 통통한 40대 후반으로
보이는 남자가 양손 위에 달걀을 올려놓고 빙글빙글 돌리

면서 들어왔다.

원고는 피고가 정당하지 못한 방법으로 삶은 달걀을 가려 냈다고 주장하는데, 삶은 달걀과 날달걀을 구분할 수 있는 방법이 있습니까?

네, 회전시켜 보는 방법입니다. 두 달걀을 바닥에 놓고 회전시켜 보면 삶은 달걀이 훨씬 잘 도는 것을 확인할 수 있습니다. 물체가 회전하는 운동 상태를 유지하려는 성질을 회전 관성이라고 하는데요, 삶은 달걀은 고체로 되어 있는 반면 날달걀은 껍질과 내용물이 따로 떨어져 있는 액체로 되어 회전 관성이 크고 저항도 많이 느끼기 때문에 삶은 달걀이 날달걀보다 회전이 더 잘되는 것이지요. 또한 회전하는 달걀을 살짝 눌러 잠시 동안 멈추게 했다가 놓으면 삶은 달걀은 계속 멈추어 있고 날달걀은 다시 회전합니다. 이것 또한 날달걀의 회전 관성이 크다는 증거입니다. 액체가 달걀 껍질과 분리되어 있기 때문에 달걀 껍질만 멈추고 내용물은 계속 돌고 있는 거죠. 손을 뗀 후 회전하는 액체를 따라 껍질이 다시 도는 겁니다.

정말 재미난 실험을 보여 주셨는데요. 달걀 내부를 확인하지 않고도 회전 관성을 이용해 삶았는지 삶지 않았는지 구별이 가능하다니 실생활에 유용하게 쓰일 수 있겠습니다. 원고는 피고를 의심한 점을 사과해야 할 것입니다.

달걀을 가려내기가 훨씬 쉬워지는군요. 원고가 피고를 오해한 것이 확실합니다. 달걀 구별하는 게임에서 계속 져서 영양을 섭취하지 못한 원고는 건강에 지장이 없길 바라며 달걀 구분하는 방법에 대한 정보를 과학공화국 주부님들에게 알리도록 하세요.

지구의 자전이 멈추고 있다고요?

회전하고 있는 물체를 멈추게 하면 어떤 일이 벌어질까요?

사이비 종교 단체 '미더교'의 교주는 한 심야 토론 프로그램에 출연해 지구의 종말론에 대해 이야기했다.

"여러분, 지구는 언젠가 멸망합니다! 저희 미더교를 믿으시면 지구가 멸망해도 살아남을 수 있습니다. 무조건 믿으십시오."

진행자가 어이없다는 듯 미더교 교주의 말에 고개를 저었다.

"만약 교주님의 말대로 지구가 멸망한다면 모두 죽을 것인데 미더교를 믿는다고 해서 어떻게 살아남는단 말입니까? 무언가 과학적으로 설명해 주실 수 있습니까?"

교주가 진행자의 질문에 엉뚱한 대답만 했다.

"무조건 믿는 마음이 중요합니다."

"참, 답답하군요."

"이봐요, 진행자 양반. 내 말을 못 믿는 것 같은데 내가 한 가지 제안을 하도록 하지!"

"제안이오?"

"사실 지구의 자전 속력이 점점 줄어들고 있소. 지금 이 순간에도 지구의 자전 속력은 우리가 느끼지 못하지만 줄어들고 있소. 내일 지구의 자전을 내가 멈춰 보도록 하겠소!"

"네?"

토론 프로그램에 참여했던 사람들뿐만 아니라 텔레비전을 시청하고 있던 사람들 모두 교주의 말에 깜짝 놀랐다.

"지구의 자전을 멈추게 하겠다고?"

"말도 안 돼! 저런 사이비 교주가 하는 말을 어떻게 믿어? 사기꾼이야!"

교주가 놀란 사람들의 침묵을 깨뜨리며 이야기했다.

"내 말이 사실인지 궁금한 분들은 내일 시청 앞 광장에 낮 12시에 모여 주십시오. 내가 지구의 자전을 멈추는 놀라운 광경을 보여 주겠소."

교주는 카메라를 향해 말을 마치고는 일어나서 무대 뒤로 나왔다.

당황한 진행자가 정신을 가다듬고 마이크를 잡았다.

"시청자 여러분, 참…… 저도 놀라서 어떻게 말씀을 드려야 할지 모르겠습니다. 아무튼 교주의 말이 사실인지 아닌지는 내일 밝혀지겠죠? 저희 방송국에서도 내일 낮 12시에 시청 앞으로 나가 여러분께 사실 여부를 확인해 드리기로 하겠습니다. 오늘의 토론 쇼는 여기서 마치겠습니다."

교주는 신도들을 모이게 했다. 몇 백 명의 신도들이 교주 앞에서 고개를 숙이고 서 있었다.

"여러분, 여러분은 나를 믿습니까?"

신도들이 교주의 질문에 모두들 큰 소리로 대답했다.

"예, 믿습니다!"

교주가 두 팔을 벌려 웅변하듯 힘찬 목소리로 말했다.

"제가 내일 우리 미더교의 힘을 보여 주겠습니다. 모든 사람들이 나의 놀라운 능력에 감동할 것이고 우리 미더교는 세계적인 종교가 될 것입니다."

신도들은 모두들 환호성을 질러 댔고, 마치 교주가 신이라도 되는 듯 일제히 절을 하기 시작했다.

교주의 옆에 서 있던 교주의 부인이 신도들이 모두 집으로 돌아가자 교주에게 다가가 말했다.

"당신, 어쩌려고 그런 말을 했어요? 그것도 방송에서…… 당신이 지구의 자전을 무슨 수로 멈춘단 말이에요! 괜히 망신만 당하고…… 우리 미더교도 없어지면 어떡해요!"

"나를 그렇게 못 믿나? 당신이 생각을 해 봐! 자전이 멈추면 무슨 일이 일어날지 알아?"

"그거야 모르지…… 자전이 멈춘 적이 있어야 알지……."

"바로 그거야! 사람들도 자전이 멈추면 무슨 일이 일어날지 아무도 모른다는 거지!"

교주의 부인이 전혀 못 알아듣겠다는 듯이 교주를 쳐다보았다.

"그게 무슨 소리예요?"

교주가 답답하다는 듯이 주먹으로 가슴을 치며 말했다.

"이 답답한 사람아! 내일 사람들이 모이면 '지금 자전이 멈추었소!' 하고 말만 하면 되는 거지! 자전이 멈추어도 세상에는 아무 일도 일어나지 않아! 단지 내가 지구의 자전을 멈추었다는 것만 중요한 거지, 허허!"

"사람들이 그 말을 믿을까요?"

"믿을 거야, 분명히! 내가 지구의 자전을 멈추지 못했다는 증거를 누가 제시할 수 있겠어? 하하하."

다음 날 시청 앞에는 사람들로 북적거렸다. 여기저기에서 지구의 자전이 멈추게 되는 광경을 보기 위해 아침부터 사람들이 몰린 것이다. 방송국들도 반신반의했지만 카메라를 들고 취재 경쟁을 벌였다.

11시 30분경이 되자 시청 앞 무대에 교주가 올라섰다.

"여러분, 안녕하십니까? 저희 미더교의 놀라운 신비를 목격하러 오신 여러분을 환영합니다. 허허허, 이제 약 30분 뒤면 제가 여러분이 보는 앞에서 지구의 자전을 멈추게 할 것입니다."

사람들이 술렁이기 시작했다. 맨 앞에 서 있던 시민 한 사람이 교주를 향해 질문했다.

"자전이 멈추면 무슨 일이 일어납니까?"

교주가 조금 당황한 기색을 보이더니 다시금 얼굴에 미소를 지으며 이야기했다.

"직접 보시면 알게 될 겁니다."

방송국과 신문사의 기자들은 서로 질문을 하겠다며 손을 들었다.

"A방송국의 주 기자입니다. 교주님께서 예언하신 대로 잠시 후에 지구의 자전이 멈춘다면 혹시 지구에 큰 변화나 자연재해가 일어나지 않을까요? 만약을 대비해 혹 그런 일들이 실제로 일어난다면 자전을 멈추는 행위는 매우 위험하지 않을까요?"

"아, 그건…… 큰 재해는 일어나지 않을 겁니다. 걱정하지 마십시오…… 하하하."

교주의 이마에는 식은땀이 흐르기 시작했다.

"안녕하세요. 저는 B방송국의 왕 기자입니다. 질문 하나만 하겠습니다."

교주가 기자의 말을 가로막으며 이야기했다.

"아, 시간이 거의 다 되어서 질문은 더 이상 받지 않겠습니다."

교주의 말대로 시간은 12시를 10분도 채 남기지 않았다.

사람들이 점점 조용해지기 시작했다. 엄마, 아빠와 함께 온 어린

아이들의 울음소리만 간혹 들렸다.

교주가 눈을 감고 두 손을 모으자 미더교의 신도들이 모두 고개를 숙였다.

교주가 사람들을 향해 외쳤다.

"지금부터 제가 지구의 자전을 멈추도록 하겠습니다. 모두들 눈을 감고 고개를 숙여 주십시오."

시청 앞에 모인 모든 사람들은 일단 교주가 시키는 대로 고개를 숙였다.

교주가 이내 알아들을 수 없는 말들을 내뱉었다.

"띠리 띠리! @##$%^&*……."

그러고는 교주가 눈을 뜨고 이마의 땀을 닦으며 말했다.

"여러분, 지금 지구의 자전이 멈추었습니다."

사람들은 서로를 바라보며 어리둥절해하면서도 아무런 말도 하지 못했다.

교주가 다시 말을 이어 갔다.

"지금 이 순간 여러분은 아주 신비한 경험을 하고 계시는 것입니다."

미더교의 신도들만이 교주를 향해 외쳤다.

"믿습니다! 믿습니다! 믿습니다!"

방송국과 신문사의 기자들도 얼떨결에 박수를 쳤고 시청 앞에 모인 사람들도 박수를 치기 시작했다.

그러나 지금까지의 일을 어이없다는 듯 지켜보던 과학자 단체가
무대로 뛰어 올라가 교주에게 말했다.

"당신, 지금 지구의 자전이 멈췄다고? 이런 사기꾼 같으니라고!
당신을 물리법정에 고소하겠어!"

지구의 자전이 멈추면 회전 관성에 의해
지구상의 물체들이 모두 지구 표면의
접선 방향으로 날아가게 됩니다.

**지구의 자전을 멈추게 하는 것이
정말로 가능할까요?**
물리법정에서 알아봅시다.

　재판정 안은 사이비 교주의 어처구니없는 행
동에 화가 난 시민들과 온갖 과학 단체의 사람들
로 북새통을 이루고 있었다.

　자, 진정하고 재판을 시작하겠습니다. 피고 측, 변론하세요.

　교주는 분명 자전을 멈춘 것이 틀림없습니다. 지구 자전이 멈
　추었다고 해서 특별한 일이 꼭 일어나야 합니까?

　자전이 멈추었는지 어떻게 확인하죠?

　자전이 멈추지 않았다는 말씀입니까? 그럼 자전이 멈추지 않
　았다는 것을 증명해 보일 수 있습니까?

　도리어 저한테 물으시면 어떡합니까? 자전이 멈추었음을 증
　명해 보이지 못하는 겁니까? 그렇다면 자전이 멈추지 않았다
　고 주장하는 원고 측의 변론을 들어 봅시다.

　존경하는 판사님, 이번 사건은 단순히 옳고 그르고의 문제를
　떠나 세상 사람들 모두를 너무도 어리석게 보고 속이려고 한
　교주의 행태를 꼬집어야 할 것입니다. 피고 측 변호사는 자전
　이 멈추지 않았음을 증명해 보일 수 있느냐고 물었는데요, 물

론 증명해 보일 수 있습니다. 지구학회의 총지휘자이신 지구본 선생님을 증인으로 모시도록 허락해 주십시오.

 인정합니다. 증인은 자리에 앉으십시오.

지구본처럼 둥근 얼굴에 둥근 체형을 가진 중년 남자가 반쯤 구르는 듯이 뒤뚱거리며 증인석에 들어섰다.

 지구가 자전한다는 사실은 지구에 사는 사람이라면 학교에서 배워서 알고 있을 것입니다. 이런 자전이 멈춘다면 어떤 일이 일어날지 예상 가능할까요?

 여러 학설들과 논문들이 발표되었을 만큼 충분히 예상이 가능합니다. 지구가 자전하면 지구에 있는 모든 생물 무생물들 함께 자전하는데요, 지구의 자전 속도는 시속 1669km/h이며 초속으로는 464m/s입니다. 이런 속도로 움직이는 지구를 멈추게 하면 회전 관성에 의해 지구상의 모든 물체는 지구 표면

의 접선 방향으로 튀어나가게 됩니다. 지구의 자전을 멈춘다고 말한 교주는 이러한 사실을 모르고 있었기 때문에 그런 속임수가 통할 거라고 생각했던 겁니다.

교주의 말이 거짓임이 입증되었습니다. 앞으로 미더교에는 신도가 하나도 남아나지 않겠군요. 이제 미더교는 사이비 종교라고 말할 수밖에 없게 되었습니다. 사람들을 속이려고 한 미더교 교주의 행동은 용서받기 어려운 일이라고 생각합니다. 판사님께서 합당한 조치를 취해 주셔야겠습니다.

미더교의 교주는 자신의 잘못을 인정하고 국민들에게 사죄해야 할 것입니다. 앞으로 6개월간 봉사 단체에서 몸소 실천함으로서 자신의 잘못을 뉘우칠 기회를 주겠습니다. 봉사 일을 하면서 성실하고 진실한 사람으로 거듭나기를 바랍니다.

재판이 끝난 후 미더교는 해체되었고, 미더교 교주는 과학 봉사 단체에 들어가 많은 사람들에게 올바른 과학을 알려주는 데 힘썼다.

 포물선 운동

정확하게 말해 지구는 23시간 56분 4.091초의 주기로 자전하고 있으며, 그 축은 북극과 남극을 잇는 선이다. 그 방향은 지구의 북극에서 보았을 때의 시계 반대 방향이다. 그 결과 지구에서는 천체들이 1시간에 15도씩 동에서 서로 이동하는 것처럼 보이는 일주 운동을 관찰할 수 있다. 지구는 태양을 365.2564태양일의 주기로 공전하고 있다. 그러므로 지구에서 보았을 때 태양이 다른 천체들을 배경으로 해 하루에 1도씩 동에서 서로 이동하는 현상을 볼 수 있다.

각운동량 보존 법칙

운동량은 질량과 속도의 곱입니다. 그러므로 물체는 무거울수록 그리고 빠를수록 운동량이 크지요. 그리고 외부에서 힘이 작용하지 않으면 물체의 운동량은 보존이 되는 성질이 있습니다.

그렇다면 회전하는 물체에서는 어떤 양이 보존이 될까요? 그것은 바로 '각운동량' 이라는 양입니다. 회전을 하면 각이 변하지요? 그래서 각운동량을 정의하게 되는데, 물체의 각운동량은 회전 관성 능률과 회전각 속도의 곱으로 정의됩니다. 여기서 회전각 속도란 회전한 각도를 시간으로 나눈 값입니다.

빠르게 회전하는 물체는 느리게 회전하는 물체보다 같은 시간 동안 더 많은 각도가 변하지요? 그러므로 회전각 속도가 더 큽니다. 또한 회전 관성 능률은 회전축 주위에 질량이 모여 있을 때보다는 회전축에서 멀리 떨어진 곳에 질량이 모여 있을 때 더 큰 값이 되도록 정의됩니다.

회전 운동은 어떻게 일어날까요? 회전운동을 일으키는 것은 토크라는 양입니다. 우리가 문을 열 때를 생각해 보죠. 문의 한쪽은 회전축이고 손잡이가 있는 쪽을 밀면 그 힘이 토크를 일으켜 문이

빙그르르 회전하면서 열리게 됩니다. 이때 토크는 물체에 작용한 힘과 회전축과의 거리의 곱으로 정의됩니다.

　외부에서 힘이 작용하지 않으면 직선운동을 하던 물체의 운동량이 변하지 않고 보존되듯이 외부에서 토크를 작용하지 않으면 회전운동 하던 물체의 각운동량은 보존됩니다. 이것이 바로 회전하는 물체에 대한 '각운동량 보존 법칙' 이지요.

　피겨스케이팅 선수가 마지막에 회전을 하기 위해 왜 팔을 모으는가는 각운동량 보존 법칙을 이용해 설명할 수 있습니다. 선수가 처음에 팔을 벌리고 있었을 때는 팔 부분의 질량이 회전축으로부터 멀리 떨어져 있으므로 이 경우 회전 관성 능률이 커집니다. 그런데 팔을 모으면 팔 부분의 질량이 회전축에 가까운 곳에 모이게 되어 회전 관성 능률이 작아집니다. 그런데 두 경우의 각운동량은 보존이 되잖아요? 그리고 각운동량은 회전 관성 능률과 회전각 속도의 곱이므로 회전 관성 능률의 값이 작아지면 회전각 속도는 커지게 되는 거죠. 그래서 피겨스케이팅 선수가 팔을 모으면 빠르게 회전할 수 있는 것입니다.

위대한 물리학자가 되세요

과학공화국 법정 시리즈가 10부작으로 확대되면서 어떤 내용을 담을까 하고 많은 고민을 했습니다. 그리고 많은 초등학생들과 중고생들 그리고 학부형들을 만나면서 서서히 어떤 방향으로 시리즈를 써야 할지 계획을 세울 수 있었습니다.

과학공화국 법정 시리즈를 처음 시작할 때는 과학과 관련된 생활 속의 사건에 초점을 맞추었습니다. 그리고 권수가 늘어나면서 생활 속의 사건을 초등학교와 중고등학교 교과서와 연계해 학습에 실질적인 도움을 주는 것이 어떻겠냐는 권유를 받았고, 전체적으로 주제를 설정해 주제에 맞은 사건들을 찾아내 보았습니다. 주제에 맞춰 사건을 나열하면서 실질적으로 그 주제에 맞는 교육이 이루어질 수 있도록 하는 집필 계획을 추진했던 것이지요.

그런 과정을 거쳐 초등학생에게 여러 맞는 물리학의 많은 주제를 선정할 수 있었습니다. 물리법정에서는 힘과 운동, 전기, 빛, 소리,

유체, 현대물리, 상대성원리 등 많은 주제를 각권에서 사건으로 엮어 교과서보다 재미있게 물리학을 배울 수 있도록 했던 것이죠.

부족한 글재주로 이렇게 오랫동안 시리즈를 끌어 오면서 독자들 못지않게 저 역시 많은 것을 배웠습니다. 무엇보다 대학 강의를 하면서도 어려워하지 않았던 눈높이 맞추기 수업이 되도록 이끄는 점에서 많은 배움을 얻었습니다. 과학적 내용을 어떻게 초등학생 중학생의 눈높이에 맞출 것인가 하는 문제가 필자에게는 숙제나 다름없었기 때문입니다. 이 시리즈가 초등학생부터 중고등학생까지 두루 읽을 수 있는 새로운 개념의 물리 책이 될 수 있도록 많은 노력을 기울였습니다.

이제 이 책은 독자들의 손에 맡겨집니다. 한 가지 소원이 있다면 초등학생과 중고등학생들이 이 시리즈를 통해 물리학의 많은 개념을 정확하게 깨우쳐 미래의 노벨 물리학상 수상자들이 배출되는 것입니다. 이런 희망은 지칠 때마다 제게 큰 힘을 줍니다.